Edson Gonçalves

CB136750

Descomplicando A Metrologia na Manutenção Industrial

Uma estratégia simples e eficaz de manusear e interpretar os instrumentos de medição.

Volume 1

EDITORA CIÊNCIA MODERNA

Descomplicando a Metrologia na Manutenção Industrial
Copyright© Editora Ciência Moderna Ltda., 2023

Todos os direitos para a língua portuguesa reservados pela EDITORA CIÊNCIA MODERNA LTDA.
De acordo com a Lei 9.610, de 19/2/1998, nenhuma parte deste livro poderá ser reproduzida, transmitida e gravada, por qualquer meio eletrônico, mecânico, por fotocópia e outros, sem a prévia autorização, por escrito, da Editora.

Editor: Paulo André P. Marques
Produção Editorial: Dilene Sandes Pessanha
Capa: Daniel Jara
Diagramação: Daniel Jara
Copidesque: Equipe Ciência Moderna

Várias **Marcas Registradas** aparecem no decorrer deste livro. Mais do que simplesmente listar esses nomes e informar quem possui seus direitos de exploração, ou ainda imprimir os logotipos das mesmas, o editor declara estar utilizando tais nomes apenas para fins editoriais, em benefício exclusivo do dono da Marca Registrada, sem intenção de infringir as regras de sua utilização. Qualquer semelhança em nomes próprios e acontecimentos será mera coincidência.

FICHA CATALOGRÁFICA

GONÇALVES, Edson.

Descomplicando a Metrologia na Manutenção Industrial

Rio de Janeiro: Editora Ciência Moderna Ltda., 2023.

1. Manutenção Industrial
I — Título

ISBN: 978-65-5842-256-3 CDD 621.7

Editora Ciência Moderna Ltda.
R. Alice Figueiredo, 46 – Riachuelo
Rio de Janeiro, RJ – Brasil CEP: 20.950-150
Tel: (21) 2201-6662/ Fax: (21) 2201-6896
E-MAIL: LCM@LCM.COM.BR
WWW.LCM.COM.BR **03/23**

O Dia Mais Belo: HOJE

O dia mais belo: hoje

A coisa mais fácil: errar

O maior obstáculo: o medo

O maior erro: o abandono

A raiz de todos os males: o egoísmo

A distração mais bela: o trabalho

A pior derrota: o desânimo

Os melhores professores: as crianças

A primeira necessidade: comunicar-se

O que traz felicidade: ser útil aos demais

O pior defeito: o mau humor

A pessoa mais perigosa: a mentirosa

O pior sentimento: o rancor

O presente mais belo: o perdão

o mais imprescindível: o lar

A rota mais rápida: o caminho certo

A sensação mais agradável: a paz interior

A maior proteção efetiva: o sorriso

O maior remédio: o otimismo

A maior satisfação: o dever cumprido

A força mais potente do mundo: a fé

As pessoas mais necessárias: os pais

A mais bela de todas as coisas: O AMOR!!!

(Madre Tereza de Calcutá)

Agradecimentos

Agradeço veementemente a minha esposa Neide e minhas filhas Sabrina e Emanuelle, que abriram mão de inúmeros momentos de lazer e de convívio familiar, para que fosse possível concretizar esta obra, bem como o apoio e incentivo concedidos.

Agradeço minha irmã Girlene, por se sacrificar em alguns momentos de sua vida para que eu pudesse seguir em frente e me tornar o homem e profissional que hoje sou.

Agradeço à Senhora Maria Vieira Gonçalves, por cada segundo de dedicação, de cuidados e de amor, por cada palmada e cada castigo que me deu, pois somente com as ações e atitudes tomadas por ela, fui capaz de me tornar o homem, o profissional e o pai que sou hoje.

Agradeço também ao Sr. Otil Gonçalves Neto (in memoriam), um homem semianalfabeto, sem cultura, mas que me ensinou todos os valores da vida, me ensinou a necessidade que um ser humano tem de batalhar pelos seus sonhos, me ensinou a traçar meus objetivos, a valorizar o próximo.

Este casal Sr. Otil e Sra. Maria que me mostrou que não temos limite nesta vida, que podemos realizar tudo o que quisermos, e que estas realizações somente fazem sentido se forem de coração e com muita dedicação e trabalho, que batalhar pelos nossos sonhos é o verdadeiro sentido da vida.

Este casal a que tenho o imenso orgulho de chamar de “MEUS PAIS”.

Dedicatória

Dedico esta obra a todos os meus familiares, sem exclusão de nenhum grau de parentesco, pois cada um deles tem um papel importante na minha vida.

A cada um dos meus professores e instrutores que me alfabetizaram e me direcionaram ao aprendizado formal, técnico e moral.

A cada um dos meus amigos de infância, adolescência e vida adulta, que conviveram comigo em todos os momentos de alegria e tristeza.

Dedico também esta obra a todos os colegas de trabalho que conviveram comigo ao longo de toda a minha vida profissional. Àqueles que me ensinaram as atividades do dia a dia, àqueles que aprenderam comigo no dia a dia. E principalmente àqueles que discordaram de algumas de minhas opiniões e decisões, discordâncias estas que serviram de diálogos e discussões que originaram em novos estudos até que encontrássemos uma definição comum e definíssemos conceitos favoráveis a todos.

Reservo-me no direito de não citar nenhum nome, para que eu tenha a consciência tranquila por não ter me esquecido de mencionar nenhuma das pessoas que fizeram parte da minha história até os dias de hoje.

Reflexão
A vida é muito para ser insignificante

Já perdoei erros quase imperdoáveis,
tentei substituir pessoas insubstituíveis
e esquecer pessoas inesquecíveis.
Já fiz coisas por impulso,
já me decepcionei com pessoas quando
nunca pensei me decepcionar,
mas também já decepcionei alguém.

Já abracei para proteger,
já dei risada quando não podia,
já fiz amigos eternos,
já amei e fui amado,
mas também já fui rejeitado,
já fui amado e não soube amar.

Já gritei e pulei de tanta felicidade,
já vivi de amor e fiz juras eternas,
mas "quebrei a cara" muitas vezes!
Já chorei ouvindo música e vendo fotos,
já liguei só para escutar uma voz,
já me apaixonei por um sorriso,

Já pensei que fosse morrer
de tanta saudade e... tive medo de
perder alguém especial
(e acabei perdendo). Mas sobrevivi!

E ainda vivo! Não passo pela vida...
e você também não deveria passar. Viva!

Bom mesmo é ir à luta com determinação,
abraçar a vida e viver com paixão,
perder com classe e vencer com ousadia,
porque o mundo pertence a quem se atreve
e a vida é muito para ser insignificante.

Charles Chaplin

Prefácio

Dia 20 de Maio é comemorado o dia Mundial da Metrologia

*A palavra **Metrologia** vem do grego "metron" e "logos", que significa literalmente o estudo da medida. **Tudo** começou com a necessidade humana de medir e quantificar coisas. Atualmente, os resultados metrológicos podem ser aceitos mundialmente, desde que sigam um padrão.*

A Metrologia em toda sua plenitude se utiliza de instrumentos laboratoriais e das pesquisas e metodologias científicas que têm por base padrões de medição nacionais e internacionais para o alcance de altos níveis de qualidade metrológica, de: cujos sistemas de medição controlam processos produtivos industriais e são responsáveis pela garantia da qualidade dos produtos acabados. E também está relacionada a sistemas de medição usados nas áreas de saúde, segurança e meio ambiente.

A Metrologia em toda sua concepção tem como objetivos:

- *Traduzir a confiabilidade nos sistemas de medição;*
- *Garantir que especificações técnicas, regulamentos e normas existentes;*
- *Proporcionarem as mesmas condições de perfeita aceitabilidade na montagem e encaixe de partes de produtos finais, independente de onde sejam produzidas.*
- *Melhoria do nível de vida das populações:*

♣Consumo de produtos com qualidade;

♣ Preservação da segurança, saúde e do meio ambiente.

Como vantagens técnicas a Metrologia nos traz:

Garante a qualidade do produto final

- *Favorece as negociações pela confiança do cliente;*
- *Diferenciador tecnológico e comercial para as empresas.*

Reduz o consumo e o desperdício de matéria-prima

- *Devido à calibração de componentes e equipamentos;*
- *Aumento da produtividade.*

Elimina a possibilidade de rejeição do produto

- *Resguarda os princípios éticos e morais da empresa no atendimento das necessidades da sociedade em que está inserida;*
- *Evita desgastes que podem comprometer sua imagem no mercado.*

Apresentação 1

Ao Autor;

Que prazer e alegria em poder fazer parte da vida de algumas pessoas, tive e tenho a imensa honra de conviver com este exemplo de profissional dedicado em buscar e achar soluções.

Quando o autor me chamou para ir a sua casa e me fez o convite para uma dedicatória em seu livro, fiquei perplexo e cheio de orgulho em fazer parte de um pedacinho da sua história.

Conheci o Edinho muito novo, ele com uma experiência e um conhecimento vindo de outras empresas e eu iniciando minha trajetória em uma grande companhia. Iniciei o trabalho com pouca experiência mais com uma vontade e uma determinação que o Edinho me deu e me incentivou a ter e a buscar sempre. Passamos muito tempo trabalhando juntos, eu na elétrica e o Edson na mecânica. Ambos responsáveis por uma linha de produção. Passamos algumas noites em meio a óleos, graxas e equipamentos que precisavam ser consertados mecanicamente ou eletricamente e deixar em funcionamento, foram muitas madrugadas juntos, fazendo o que mais gostamos, fFazer o equipamento funcionar ou o famoso "FAZER ACONTECER" . Isso molda o homem, molda o caráter do profissional que eu sou e no exemplo que hoje o Srº Edson Gonçalves se tornou. O Homem que busca solução para o improvável.

O que é mais difícil é falar do Edinho e saber que ele tem dois grandes amores. Um grande amor que ele tem é o trabalho com a responsabilidade que se entrega para realizar da melhor maneira possível. E o seu outro grande amor é a família, conheço poucos homens que se dedicam e se entregam para fazer o possível e o impossível para o bem da sua família e para o bem ao próximo.

Hoje não estamos tão próximos, trabalhamos em empresas diferentes, mas mantemos nossa amizade viva. Hoje vendo seus passos com o decorrer dos dias, vejo o quanto amadurecemos e quanto o Edinho veio a somar para a manutenção setorial, nacional e mundial. Dando palestras, criando conteúdos e despertando a paixão pela manutenção em outras pessoas. Acredito que enquanto existirem pessoas, como o autor, que se dedicam em fazer o melhor ao que é designado, e fazendo com qualidade e com capricho, tornando o mundo da manutenção mecânica algo que todos possam entender pela simplicidade e qualidade que nos passam pelo seus conhecimentos e pelas suas palavras.

"Muitas pessoas passaram pelas nossas vidas, em curtos ou longos períodos, e esta passagem faz toda a diferença. Cabe a cada um de nós saber como melhor aproveitar".

Juliano Freire Yongblod
Supervisor de Manutenção

Apresentação 2

É com grande satisfação que tenho o privilégio de participar da apresentação desta edição.

Edson Gonçalves, grande amigo e irmão há muitos anos, faço questão de confirmar seu talento quanto ao conhecimento da prática e gestão relacionado à manutenção industrial, acredito que é muito importante pessoas como ele, que se preocupam em registrar e passar adiante seu conhecimento adquirido com o passar dos anos.

Nesta era de tecnologia em que a máquina ameaça superar o homem, firmo que sem o homem com o conhecimento divino para programá-la é apenas sucata.

Com conhecimento de causa, afirmo que o Edson contribui não somente para o desenvolvimento técnico e pratico do leitor, mas, principalmente, vem contribuir para o desenvolvimento pessoal,

com seu exemplo de homem livre e de bons costumes, pondo em prática todo seu conhecimento, mas automaticamente mantendo sua humildade, quesito este usado tanto para passar adiante seus conhecimentos, bem como continuar seu eterno aprendizado, marco de uma evolução constante.

A dinâmica em que se emprega o desenvolvimento da didática torna o entendimento fácil e prazeroso, vem desmistificar, derrubar paradigmas da cultura europeia ocidental, com toda experiência adquirida nos mercados nacional e internacional, tem a possibilidade de preparar os leitores, alunos, e colaboradores para um entendimento completo da manutenção industrial com postura firme de total conhecimento e com suavidade extrema e total competência na execução.

Rogo a Deus que as luzes do conhecimento venham sempre iluminar este grande ser humano e que o mantenham sempre neste caminho de luz e amor, com o talento que demonstra em suas obras, e que elas continuem com o conteúdo para ajudar ao próximo em todos os aspectos, intelectual, prático, humano, etc.

Curitiba 09/01/23

ADRIANO C. DA COSTA
GERENTE DE VENDAS

SUMÁRIO

1 – Introdução

O que é Metrologia?

Se realizarmos uma pesquisa minuciosa encontraremos uma vasta literatura nos esclarecendo o que é a Metrologia. Seria possível dedicar um capítulo inteiro deste projeto para definirmos e estudarmos os conceitos sobre Metrologia.

Entretanto, a ideia inicial deste projeto é abordar de forma sucinta as técnicas de manuseio e interpretação de alguns instrumentos de medições de componentes mecânicos mais usuais no dia a dia da manutenção industrial.

Sendo assim vamos limitar o nosso conceito sobre o que é Metrologia com a simples definição abaixo:

Metrologia nada mais é do que a ciência das medidas e das medições.

Para encontrarmos uma medida de qualquer peça ou componente utilizando um instrumento de medição, primeiramente, necessitamos conhecer suas grandezas, ou seja, suas unidades, entender seu range de atuação, saber manusear corretamente o instrumento e, principalmente, ser capaz de interpretar os valores obtidos.

Os instrumentos de medição são dispositivos utilizados para designar com precisão diversos tipos de medida, como energia, temperatura, tempo, altura, comprimento, área, volume, velocidade, massa, pressão, ângulo e diversas outras grandezas.

Os instrumentos de medição podem ser objetos mais simples, para indicar as medidas exatas de materiais como blocos e tijolos, ou mais específicos, com função de analisar e validar medições de sistemas eletrônicos e mecânicos.

"Quando você pode medir aquilo de que fala e expressá-lo em números, você sabe alguma coisa sobre isto. Mas quando você não pode medi-lo, quando você não pode expressá-lo em números, o seu conhecimento é limitado e insatisfatório. Se você não pode medir algo, não pode melhorá-lo." (Lord Kelvin)

Ciência da medição que abrange todos os aspectos teóricos e práticos relativos às medições, qualquer que seja a incerteza, em quaisquer campos da ciência ou tecnologia. (INMETRO. VIM - 2. ed. Brasília, SENAI/DN, 2000 75p).

É um conjunto de conhecimentos científico e tecnológico abrangendo todos os aspectos teóricos e práticos relativos às medições.

A Metrologia é a ciência das medições:

• Abrangendo todos os aspectos teóricos e práticos que asseguram a exatidão exigida no processo produtivo;

• Procurando garantir a qualidade de produtos e serviços através da calibração de instrumentos e da realização de ensaios;

• Sendo a base fundamental para a competitividade das empresas.

A metrologia é uma ferramenta imprescindível para:

• Avaliar a conformidade de produtos e processos;

• Garantia de justas relações de troca (relações comerciais);

• Promover a cidadania (saúde, segurança e meio ambiente);

• Qualidade, inovação e competividade;

• Assegurar reconhecimento nacional e internacional.

Basicamente, a metrologia está dividida em três grandes áreas:

- ✓ Metrologia Científica
- ✓ Metrologia Industrial
- ✓ Metrologia Legal

Neste projeto iremos abordar apenas as técnicas de manuseio e interpretações dos instrumentos de medições da metrologia industrial que é o foco principal da manutenção industrial.

2 – O Surgimento das Medidas

Se as unidades de medidas não existissem, nós teríamos que inventá-la.

Acerca de mais ou menos 4.000 anos atrás, o homem necessitou criar seus padrões de medidas para que fosse possível delimitar seus espaços e construir tudo o que necessitava.

Como não possuía nenhum parâmetro ideal para criar suas dimensões, o homem começou a utilizar partes do corpo humano como fontes de medidas para mensurar as dimensões de seus espaços.

Porém, como cada homem possuía tamanhos dos membros diferentes, ficou estabelecido que oficialmente para as medidas adotadas, seriam utilizadas as partes do corpo do Rei.

Assim diversas medidas foram constituídas e seguidas fielmente por toda a idade antiga, as quais algumas ainda são aplicadas até os dias de hoje.

Com base nas decisões da época ficaram estabelecidas medidas tais como:

- ✓ **A Polegada**

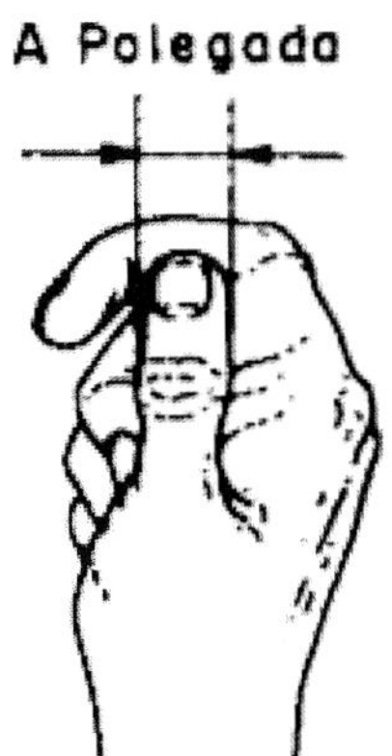

Ficou estabelecido que uma polegada seria a largura do dedo polegar do Rei. A qual hoje tem definida sua dimensão como 25,4mm.

✓ ***O Palmo***

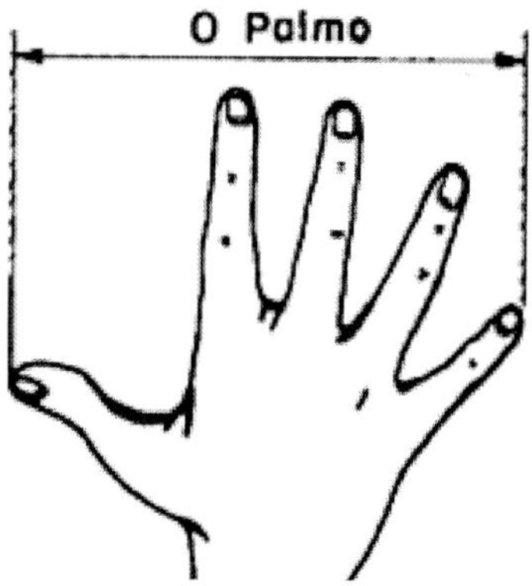

O palmo é a medida referente à mão aberto a qual compreende da ponta do dedo polegar até a ponta do dedo mindinho.

Para o Palmo foi estabelecida uma medida atual de 228,6mm.

✓ ***O Pé***

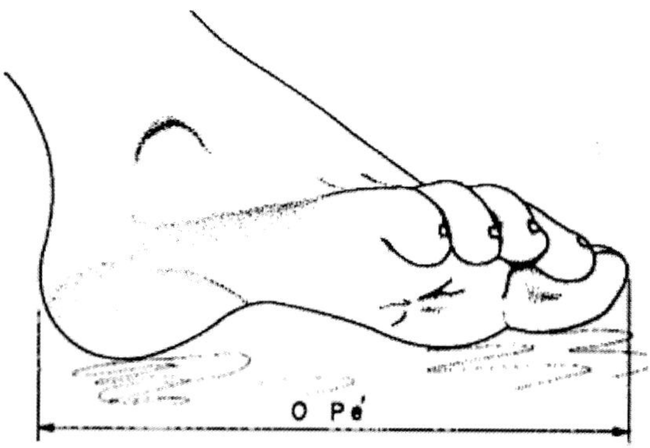

O Pé compreende a distância do calcanhar até a ponta do dedo maior, considerando a sola do pé espalmada no chão.

. Para o Pé ficou estabelecida uma medida de 304,8mm.

✓ ***A Jarda***

A Jarda é a medida da ponta do nariz com o rosto posicionado com o olhar para frente até a ponta do polegar com o braço estendido a 90° da posição do nariz, e os dedos da mão contraídos exceto o polegar.

A jarda possui uma medida de 914mm.

✓ ***O Passo***

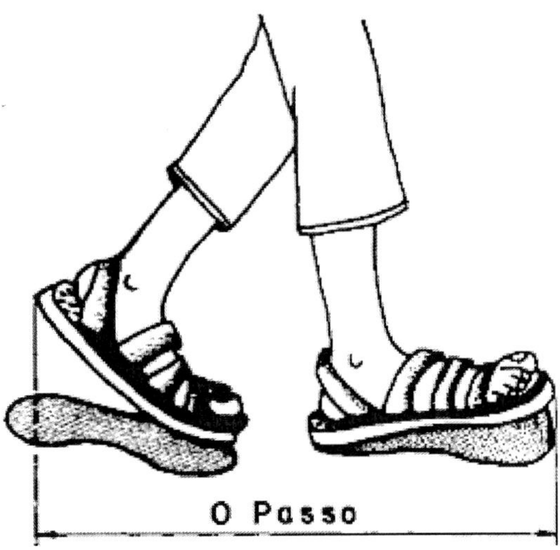

O Passo compreende a condição normal da forma correta de caminhar andando de forma natural.

O passo possui a dimensão de 2,5 ou 3 pés.

✓ ***A Braça***

A Braça é a distância correspondente à envergadura do ser humano, neste caso o Rei. Compreende a medida da ponta do dedo do meio até a ponta do dedo do meio da outra mão com os braços abertos formando um ângulo de 180°.

A Braça possui a dimensão de 2200mm.

✓ ***O Côvado***

O Côvado é uma unidade de medida desde o antigo testamento.

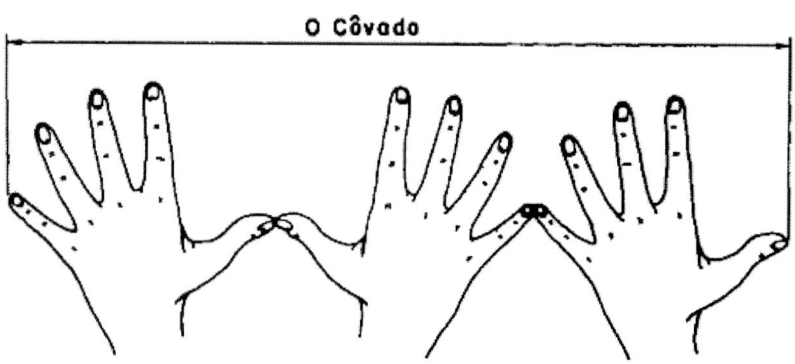

O côvado era uma medida-padrão da região onde morava Noé, e foi a unidade de medida utilizada para a construção da Arca.

O Côvado é equivalente a três palmos, aproximadamente, 660mm.

✓ **O Cúbito**

No Antigo Egito, utilizavam o cúbito como uma unidade básica de medida, a qual foi utilizada até para a construção das Antigas Pirâmides.

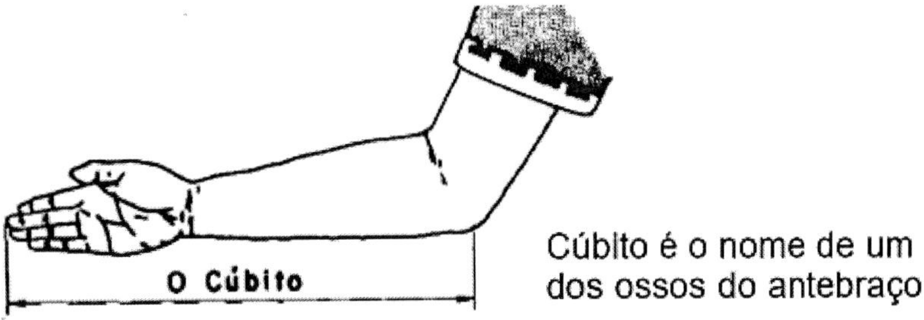

O Cúbito é o nome de um osso do antebraço humano e corresponde à medida do cotovelo até a ponta do dedo médio.

O Cúbito mede 450mm.

Desta forma, diversas outras medidas foram criadas na idade Antiga as quais serviram de parâmetros para os dias de hoje.

3 – A Padronização das Medidas

Com o passar dos tempos, as medições se tornaram constantes e todas estas técnicas adotadas, unidades de medidas criadas e utilizadas durante séculos, não resolveu nosso problema com as medições.

No século XVII surgiu um movimento no sentido de estabelecer uma unidade natural, que pudesse ser facilmente copiada, e deveria ter seus múltiplos e submúltiplos segundo o sistema decimal.

Talleyrand, Francês em 8 de maio de 1790 definiu a unidade de medida linear Universal.

O Metro.

O Metro foi definido como a décima milionésima parte de um quarto do meridiano terrestre.

Com o desenvolvimento da ciência, ocorreram ainda 3 modificações no padrão do metro:

Assim, a primeira definição foi substituída por uma segunda:

Metro é a distância entre os dois extremos da barra de platina depositada nos Arquivos da França e apoiada nos pontos de mínima flexão na temperatura de zero grau Celsius.

No Brasil, o sistema métrico foi implantado pela Lei Imperial nº 1157, de 26 de junho de 1862.

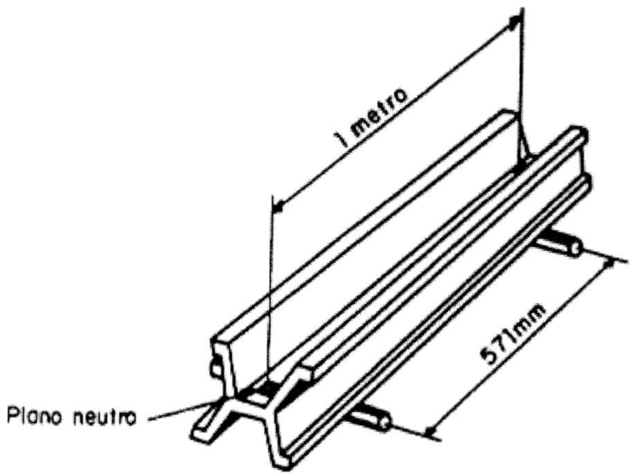

Em 1889, surgiu a terceira definição.

Metro é a distância entre os eixos de dois traços principais marcados na superfície neutra do padrão internacional depositado no BIPM. (Bureau Internacional des Poids et Mésures), na temperatura de zero grau Celsius e sob uma pressão atmosférica de 760 mmHg e apoiado sobre seus pontos de mínima flexão.

Hoje, o padrão do metro em vigor no Brasil é recomendado pelo INMETRO, baseado na velocidade da luz, de acordo com decisão da 17ª Conferência Geral dos Pesos e Medidas de 1983. O INMETRO (Instituto Nacional de Metrologia, Normalização e Qualidade Industrial), em sua resolução 3/84, assim definiu o metro:

Metro é o comprimento do trajeto percorrido pela luz no vácuo, durante o intervalo de tempo de, $\frac{1}{299.792.458}$ **do segundo.**

Múltiplos e Submúltiplos.

MÚLTIPLOS E SUBMÚLTIPLOS DO METRO		
Nome	Símbolo	Fator pelo qual a unidade é multiplicada
Exametro	Em	10^{18} = 1 000 000 000 000 000 000 m
Peptametro	Pm	10^{15} = 1 000 000 000 000 000 m
Terametro	Tm	10^{12} = 1 000 000 000 000 m
Gigametro	Gm	10^{9} = 1 000 000 000 m
Megametro	Mm	10^{6} = 1 000 000 m
Quilômetro	km	10^{3} = 1 000 m
Hectômetro	hm	10^{2} = 100 m
Decâmetro	dam	10^{1} = 10 m
Metro	m	1 = 1m
Decímetro	dm	10^{-1} = 0,1 m
Centímetro	cm	10^{-2} = 0,01 m
Milímetro	mm	10^{-3} = 0,001 m
Micrometro	µm	10^{-6} = 0,000 001 m
Nanometro	nm	10^{-9} = 0,000 000 001 m
Picometro	pm	10^{-12} = 0,000 000 000 001 m
Fentometro	fm	10^{-15} = 0,000 000 000 000 001 m
Attometro	am	10^{-18} = 0,000 000 000 000 000 001 m

Unidades de Medidas no Brasil

Descrição	Unidade	Símbolo
Comprimento	Metro	m
Massa	Quilograma	kg
Tempo	Segundo	s
Corrente Elétrica	Ampére	A
Temperatura	Kelvin	K
Qtde. de Matéria	Mol	mol
Intensidade Luminosa	Candela	cd

4 – Medidas e Conversões

Sempre que uma medida estiver em uma unidade diferente da qual necessitamos, deve-se convertê-la, ou seja, mudar a unidade de medida.

Para converter polegada inteira em milímetro, deve-se multiplicar valor em polegada por 25,4:

Exemplo:

Transformar 2" em milímetros.

2"= 2 x 25,4 = 50,8mm

Para converter polegada fracionária em milímetro, deve-se multiplicar o numerador da fração por 25,4 e dividir o resultado pelo denominador:

Exemplo:

Transformar 3/8" em milímetros.

$$\frac{3}{8}'' \div \frac{3x25,4}{8} = \frac{76,2}{8} = 9,525 \text{ mm}$$

A conversão de milímetro em polegada fracionária é feita dividindo-se o valor em milímetro por 25,4 e multiplicando-o por 128. O resultado deve ser escrito como numerador de uma fração cujo denominador é 128. Caso o numerador não dê um número inteiro, deve-se arredondá-lo para o número inteiro mais próximo.

$$19{,}8\ \text{mm}$$

$$19{,}8 = \frac{\left(\frac{19{,}8}{25{,}4}\right)x128}{128} = \frac{99''}{128}\text{, arredondando;}$$

$$\frac{100}{128}''\ \textit{Simplificando}\ \frac{100}{128} = \frac{50}{64} = \frac{25}{32}''$$

Regra prática - Para converter milímetro em polegada ordinária, basta multiplicar o valor em milímetro por 5,04, mantendo-se 128 como denominador. Arredondar se necessário.

$$\frac{12{,}7x5{,}04}{128}'' = \frac{64{,}008}{128} \rightarrow \textit{arredondando}\ \frac{64}{128}''$$

simplificando:

$$\frac{64}{128}'' = \frac{1}{2}''$$

Para converter polegada fracionária em polegada milesimal, divide-se o numerador da fração pelo seu denominador.

$$\frac{5}{16}'' = \frac{5}{16} = .3125''$$

A polegada milesimal é convertida em polegada fracionária quando se multiplica a medida expressa em milésimo por uma das divisões da polegada, que passa a ser o denominador da polegada fracionária resultante.

Exemplos: 0,125" x 128 = 16 =

$$\frac{16}{128} = \frac{8}{64} = \frac{1''}{8}$$

Para converter polegada milesimal em milímetro, basta multiplicar o valor por 25,4.

Converter .375" em milímetro: .375" x 25,4 = 9,525 mm

Para converter milímetro em polegada milesimal, basta dividir o valor em milímetro por 25,4.

18 mm

$$\frac{18}{25{,}4} = .7086'' \text{ arredondando } .709''$$

5 – Regras para Arredondamento

Quando o algarismo seguinte ao último algarismo a ser conservado for inferior a 5, o último algarismo a ser conservado permanecerá sem modificação.

Exemplo:

- 2,644 arredondando para a primeira decimal resultam 2,6.

Quando o algarismo seguinte ao último algarismo a ser conservado for superior ou igual a 5, o último algarismo a ser conservado deverá ser aumentado de uma unidade.

Exemplo:

3,666 arredondando para a primeira casa decimal resultam 3,7.

6 – Representação Gráfica

Na metrologia as medidas seguem padrões internacionais as quais obrigam os usuários a utilizá-los em quaisquer locais que estejam, seguindo assim uma linguagem universal de medição.

Polegada Fracionária:

A polegada fracionária segue o Sistema Inglês o qual nos direciona a seguir todos os padrões preestabelecidos de medidas desta razão.

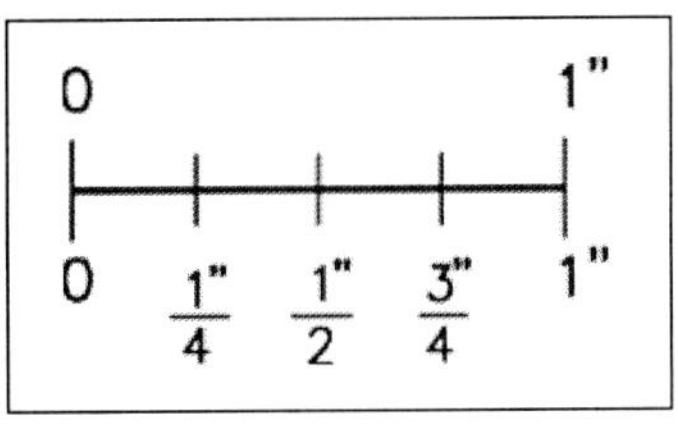

sistema inglês de polegada fracionária

Polegada Milesimal:

A polegada milesimal também segue o Sistema Inglês o qual nos direciona a seguir todos os padrões preestabelecidos de medidas desta razão.

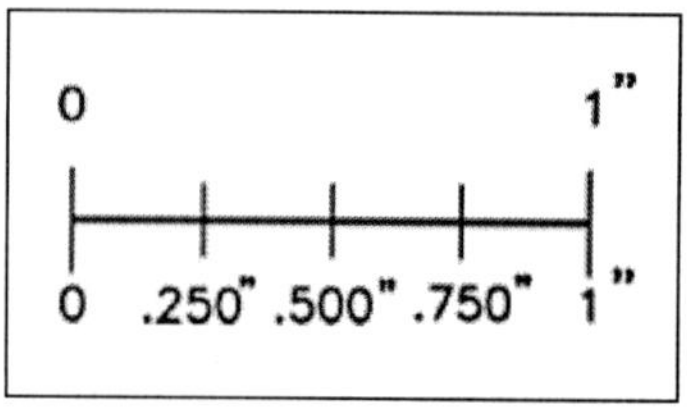

sistema inglês de polegada milesimal

Milímetros:

As medidas em milímetros por sua vez já são determinadas a seguir o Sistema Métrico, o qual direciona a seguir todos os padrões preestabelecidos de medidas desta razão.

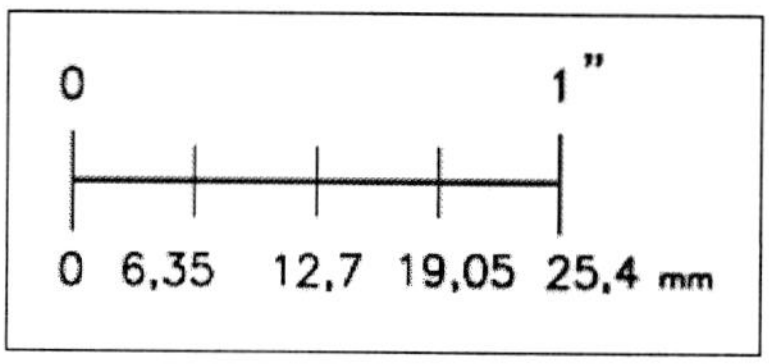

sistema métrico

A metrologia não tem por fim somente reter ou rejeitar os produtos fabricados fora dos requisitos especificados; destina-se antes a orientar a fabricação, evitando erros.

Portanto:

Na tomada de quaisquer medidas, devem ser considerados três elementos fundamentais:

- ✓ Método.
  - Medição direta.
  - Medição indireta por comparação.
- ✓ Instrumento de Medição.

✓ Operador.

<u>**Método**</u>

Medição Direta:

Consiste em avaliar a grandeza por medir, por comparação direta com instrumentos, aparelhos e máquinas de medir.

Medição Indireta por Comparação:

É determinar a grandeza de uma peça com relação à outra, de padrão ou dimensão aproximada.

<u>**Instrumento de Medição**</u>

A exatidão relativa das medidas depende, evidentemente, da qualidade dos instrumentos de medição empregados.

Portanto, para a tomada de uma medida, é indispensável que o instrumento esteja ajustado, calibrado e que sua resolução permita avaliar a grandeza em causa, com a precisão exigida.

<u>**Operador**</u>

O operador é, talvez, dos três, o elemento mais importante.

Deve, pois, o operador, conhecer perfeitamente os instrumentos que utiliza, ter iniciativa para adaptar às circunstâncias o método mais aconselhável e possuir conhecimentos suficientes para interpretar os resultados encontrados.

6 – Representação Gráfica

No universo da metrologia de manutenção industrial existe uma infinidade de instrumentos de medições capazes de nos propiciar coletas de medidas e ou comparações das mais diversas naturezas e grandezas.

Com uma proposta simples e clara neste projeto será ilustrado os instrumentos de medições mais comuns utilizados dentro da manutenção mecânica industrial, que se segue:

6.1 – Instrumentos de Medições

6.1.1 - Régua Graduada

Régua graduada é uma medida materializada de comprimento. Apresenta-se, normalmente, em forma de lâmina de aço carbono ou de aço inoxidável. Nessa lâmina estão gravadas as medidas em centímetro (cm) e milímetro (mm) ou em polegada e suas frações.

De modo geral, uma régua de qualidade deve apresentar bom acabamento, bordas retas e bem definidas e faces polidas. A retitude e o erro máximo admissível das divisões são determinados em normas nacionais ou internacionais.

No Brasil, a norma ABNT NBR NM 279:2002 estabelece as características construtivas e os requisitos metrológicos que se aplicam a réguas graduadas de aço com seção transversal retangular e comprimento até 5 m, utilizadas principalmente com propósitos industriais.

As réguas de seção transversal retangular são divididas em dois tipos: tipo A e tipo B.

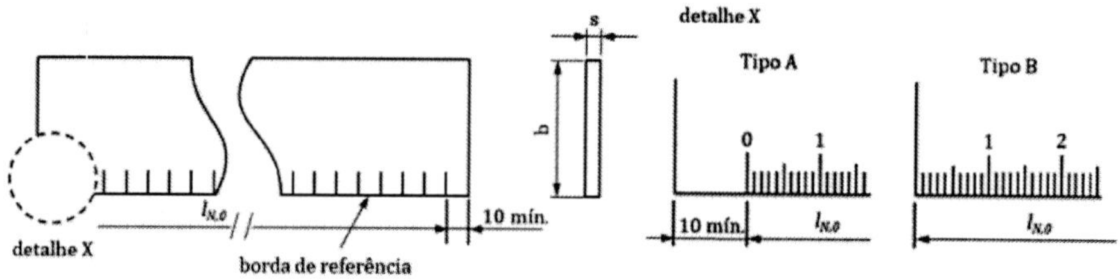

O valor de uma divisão destas réguas geralmente é de 1 mm, mas podem existir réguas com valor de uma divisão de 10 mm ou de 100 mm, podendo, em alguns modelos, possuir trechos com espaçamento da marcação menores.

Os valores numéricos da Tabela abaixo são os valores limites para os erros admissíveis.

Classe de tolerâncias.

Tipo	Comprimento total da marcação até $l_{N,0}$						
	500	1000	1500	2000	3000	4000	5000
A	TK 40/0	TK 40/0	TK 60/0	TK 60/0	TK 80/0	TK 100/0	TK 120/0
B	TK 100/0	TK 100/0	TK 150/0	TK 150/0	TK 200/0	TK 250/0	TK 300/0

Exemplo: Em uma régua NM xxx – A – 500 – 1 quaisquer duas marcas não podem ter erro superior a 40 µm, positivo ou negativo em relação ao valor nominal. Como esta exigência vale para quaisquer duas marcas, tem-se que o erro máximo em todo o comprimento da régua, com referência em zero, também não pode ultrapassar o limite de 40 µm.

As réguas de aço devem ser fabricadas com aço que tenha coeficiente de expansão linear de 10×10^{-6} a 12×10^{-6} /K, a 20 °C.

As réguas graduadas que forem fabricadas de acordo com a norma ABNT NBR 279:2002 devem possuir a seguinte designação:

Régua graduada de aço NM xxx – B – 1000 – 10

Onde:

- ✓ NM xxx — número da norma
- ✓ B — tipo
- ✓ 1000 — comprimento total da marcação
- ✓ 10 — valor de uma divisão

Utiliza-se a régua graduada nas medições com erro admissível superior à menor graduação. Normalmente, esta graduação equivale a 0,5 mm ou 1/32".

Leitura no sistema métrico

A régua graduada é dividida em centímetros (cm) e cada centímetro na escala encontra-se dividido em 10 partes iguais e cada parte equivale a 1 mm. Sendo assim, a leitura pode ser feita em milímetro.

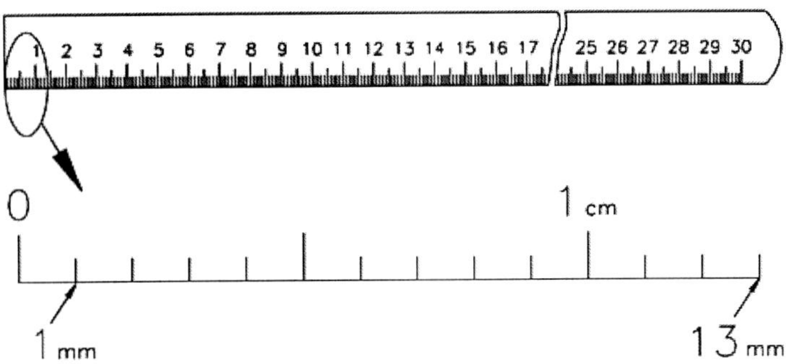

Leitura no sistema inglês de polegada fracionária

Nesse sistema, a polegada divide-se em 2, 4, 8, 16... partes iguais. As escalas de precisão podem apresentar 32 divisões por polegada, as tradicionais só apresentam frações de 1/16".

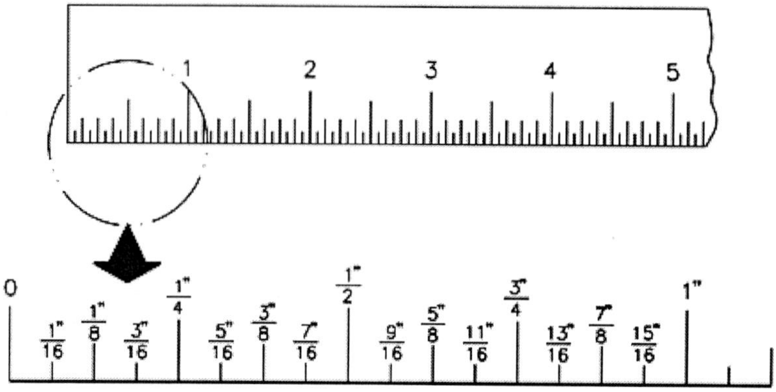

Conservação da Régua Graduada:

- Evitar que a régua caia ou a escala fique em contato com as ferramentas comuns de trabalho;
- Evitar riscos ou entalhes que possam prejudicar a leitura da graduação;
- Não flexionar a régua: isso pode empená-la ou quebrá-la;
- Não utilizá-la para bater em outros objetos;
- Limpá-la após o uso, removendo a sujeira. Aplicar uma leve camada de óleo fino, antes de guardar a régua graduada.

6.1.2 - Trena

Uma trena de fita de aço é um instrumento de medição que contém uma fita graduada ao longo de seu comprimento, com marcas transversais, que pode ser acoplada a uma caixa dotada de mecanismo para recolhimento automático ou manual da fita.

Trena é um instrumento de medição constituído por uma fita de aço, fibra de vidro ou tecido, graduada em uma ou em ambas as faces, no sistema métrico e/ou no sistema inglês, ao longo de seu comprimento, com traços transversais.

Em geral, a fita está acoplada a um estojo ou suporte dotado de um mecanismo que permite recolher a fita de modo manual ou automático. Tal mecanismo, por sua vez, pode ou não ser dotado de trava.

Quanto à geometria, as fitas das trenas podem ser planas ou curvas. As trenas de geometria plana permitem medir perímetros de cilindros, por exemplo.

Não se recomenda medir perímetros com trenas cujas fitas sejam curvas. As trenas apresentam, na extremidade livre, uma pequena chapa metálica dobrada em ângulo de 90°. Essa chapa é chamada superfície de referência.

No Brasil, a norma ABNT NBR 10123:2012 estabelece as condições requeridas para as trenas de fita de aço utilizadas para medições lineares na indústria e para uso geral, onde não são exigidas medições de grande exatidão.

A caixa ou suporte da fita de aço deve ser fabricada em aço, plástico ou material sintético, podendo ser do tipo fechado (caixa) ou aberto (suporte).

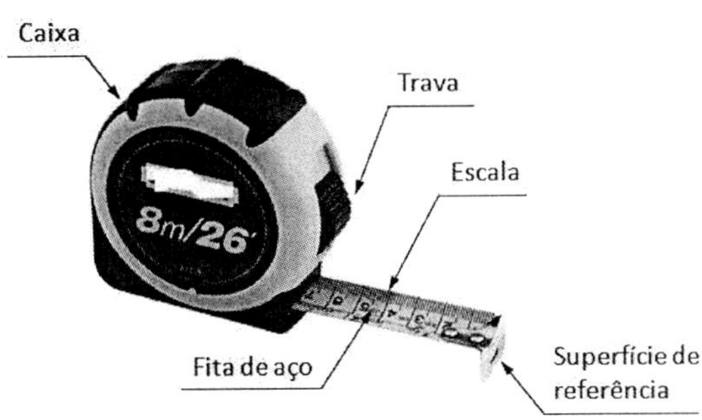

A dureza da fita de aço carbono deve estar na faixa de 360 HV até 560 HV e a da fita de aço inoxidável deve estar acima de 360 HV.

A fita graduada deve sair da caixa, ou do suporte, em toda a extensão da faixa de medição, mais 50 mm no mínimo, a fim de facilitar a medição.

A superfície de referência da trena é um dispositivo acoplado no início da fita graduada, servindo como referência para medição, podendo ter a função de puxador da fita quando não dispuser desse componente.

Para compensar a origem da medição, devido à espessura da superfície de referência, a trena que possui este dispositivo permite o deslocamento do puxador equivalente à sua espessura,

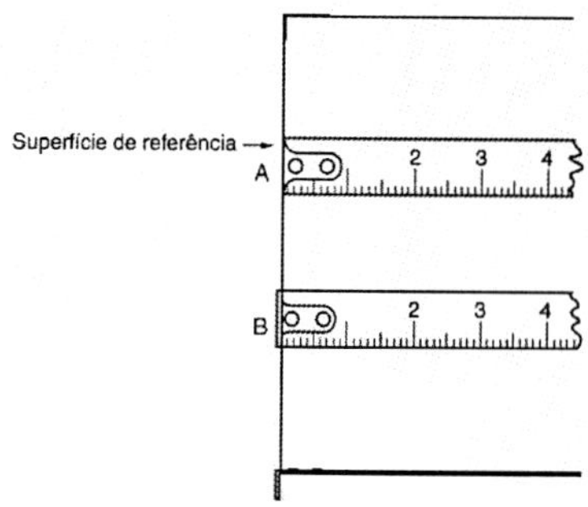

Em relação à classe de exatidão, as trenas de fita de aço são classificadas como classe I ou classe II.

As dimensões e tolerâncias para as fitas de aço estão descritas na tabela abaixo:

<table>
<tr><th rowspan="3">Tipos de fitas de aço</th><th rowspan="2">Grupo de comprimento</th><th colspan="2">Largura
mm</th><th rowspan="2">Tolerância</th><th colspan="2">Espessura
mm</th><th rowspan="2">Tolerância</th></tr>
<tr><th rowspan="2">Mínima</th><th rowspan="2">Máxima</th><th rowspan="2">Mínima</th><th rowspan="2">Máxima</th></tr>
<tr><th>m</th><th>mm</th><th>mm</th></tr>
<tr><td rowspan="3">Plana</td><td>0,5 até 5</td><td rowspan="2">6</td><td>10</td><td>±0,3</td><td>0,10</td><td>0,20</td><td rowspan="2">±0,02</td></tr>
<tr><td>acima de 5 até 10</td><td>13</td><td rowspan="2">±0,4</td><td rowspan="2">0,13</td><td rowspan="2">0,30</td></tr>
<tr><td>acima de 10 até 100</td><td>8</td><td>15</td><td>±0,04</td></tr>
<tr><td rowspan="3">Curva</td><td>0,5 até 2</td><td rowspan="2">6</td><td>13</td><td rowspan="2">±0,3</td><td rowspan="3">0,10</td><td rowspan="2">0,20</td><td rowspan="2">±0,02</td></tr>
<tr><td>acima de 2 até 5</td><td rowspan="2">25</td></tr>
<tr><td>acima de 5 até 10</td><td>15</td><td>±0,6</td><td>0,30</td><td>±0,04</td></tr>
</table>

A forma de leitura das medidas discriminadas nas trenas são as mesmas da Regra Graduada quer seja em milímetro ou em polegadas fracionárias.

6.1.3 - Paquímetro

O paquímetro é um instrumento usado para medir com precisão as dimensões de pequenos objetos. É a ferramenta de medição mais conhecida para a realização de medições rápidas e relativamente exatas.

O desenvolvimento do paquímetro foi possível graças ao princípio de Vernier. A escala Vernier foi inventada em sua forma moderna em 1631, pelo matemático francês Pierre Vernier (1580-1637).

Os instrumentos que utilizam o princípio de Vernier estão sendo usados há mais de dois séculos. Uma escala Vernier fornece uma contagem mínima de até 0,01 mm ou menos, o que melhora notavelmente a precisão da medição de um instrumento. Tornou-se bastante comum na indústria moderna especificar precisão dimensional de até 1 μm ou menos.

O paquímetro é um instrumento usado para medir as dimensões lineares internas, externas e de profundidade de uma peça. Consiste em uma régua graduada, com encosto fixo, sobre a qual desliza um cursor.

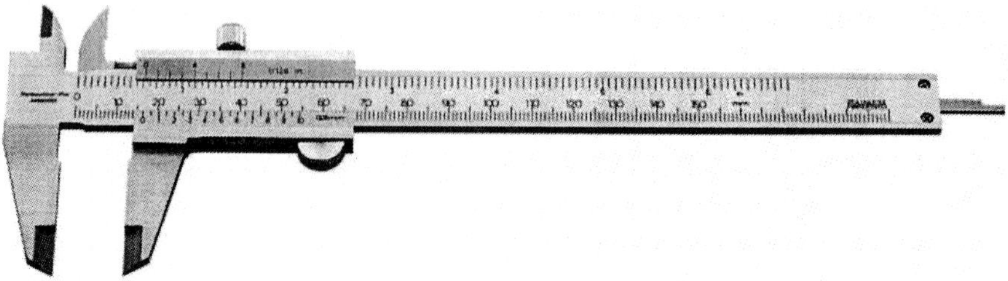

Os paquímetros são fabricados em aço inoxidável temperado garantindo vida longa sem oxidação, sendo que as superfícies de medição são todas retificadas e lapidadas. Para o paquímetro universal sua escala é gravada por um processo a laser que garantirá linhas e números nítidos sobre as escalas.

A norma brasileira ABNT NBR NM 216:2000 trata das características construtivas e requisitos metrológicos paquímetros e paquímetros de profundidade.

A figura abaixo ilustra as principais partes de um paquímetro. O cursor, que também possui a escala do nônio, pode deslizar por todo o comprimento da escala principal, gravada na régua. Um parafuso de fixação permite o aperto do medidor móvel em uma posição específica depois que as superfícies de contato foram definidas com precisão sobre a peça que está sendo medida. Isso impede movimentos involuntários do cursor, para que o operador possa anotar a leitura em uma posição conveniente.

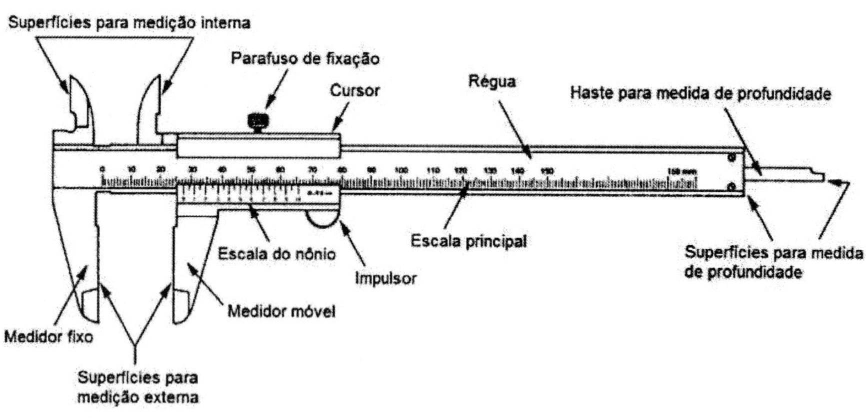

1- Orelha Fixa
2- Orelha Móvel
3- Nônio ou Vernier Polegada
4- Parafuso de Trava
5- Cursor
6- Escala Fixa Polegadas
7- Bico Fixo
8- Encosto Fixo
9- Encosto Móvel
10- Bico Móvel
11-Nônio ou Vernier Milímetro
12- Impulsor
13- Escala Fixa Milímetro
14- Haste de Profundidade

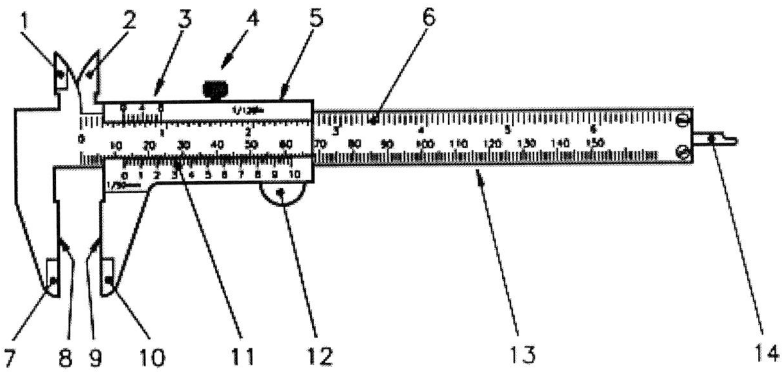

Paquímetro Universal

Princípio de Nônio

A escala do cursor é chamada de nônio ou vernier, em homenagem ao português Pedro Nunes e ao francês Pierre Vernier, considerados seus inventores. O nônio possui uma divisão a mais que a unidade usada na escala fixa.

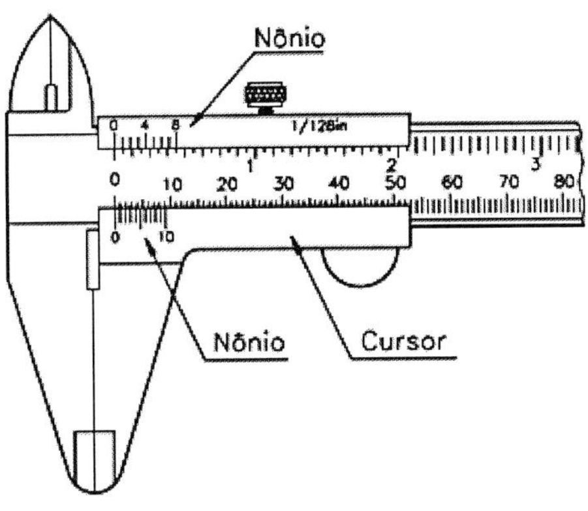

No sistema métrico, existem paquímetros em que o nônio possui dez divisões equivalentes a nove milímetros (9 mm). Há, portanto, uma diferença de 0,1 mm entre o primeiro traço da escala fixa e o primeiro traço da escala móvel.

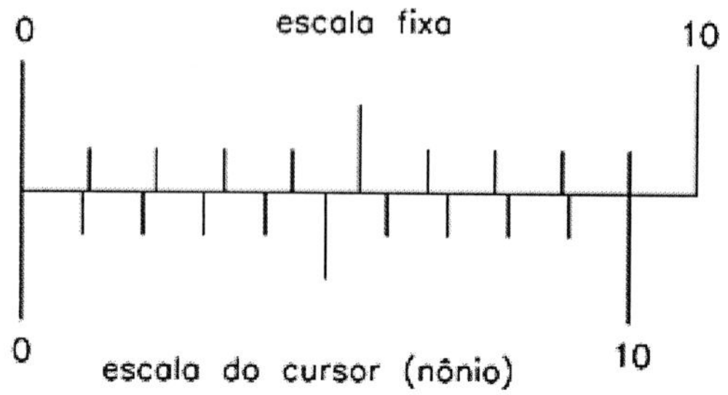

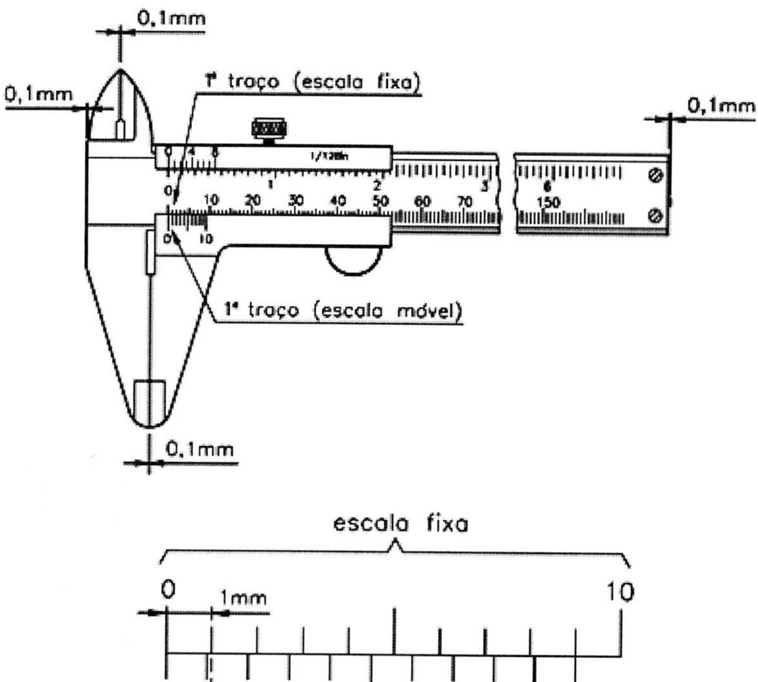

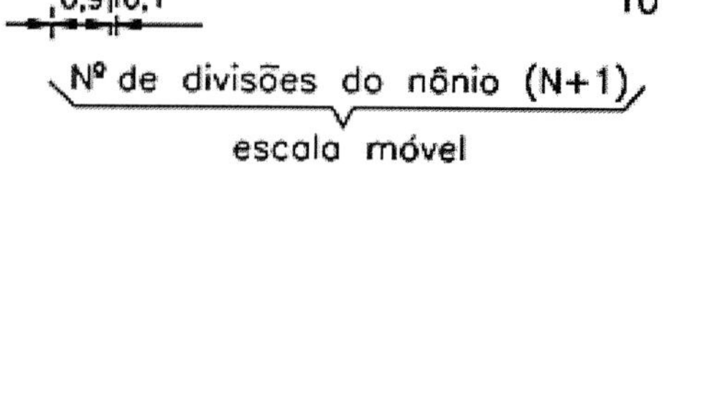

Essa diferença é de 0,2 mm entre o segundo traço de cada escala; de 0,3 mm entre o terceiro traço e assim por diante.

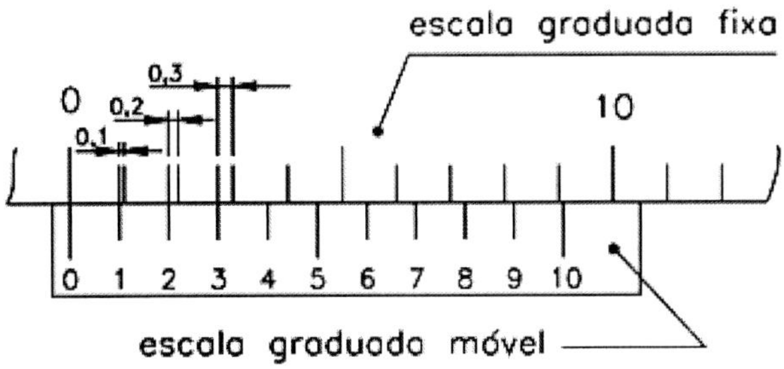

Cálculo de resolução

As diferenças entre a escala fixa e a escala móvel de um paquímetro podem ser calculadas pela sua resolução. A resolução é a menor medida que o instrumento oferece. Ela é calculada utilizando-se a seguinte fórmula:

$$\text{Resolução} = \frac{\text{UEF}}{\text{NDN}}$$

UEF = unidade da escala fixa NDN = número de divisões do nônio.

Exemplo:

- **Nônio com 10 divisões**

$$\text{Resolução} = \frac{1\text{ mm}}{10\text{ divisões}} = 0{,}1\text{ mm}$$

- **Nônio com 20 divisões**

$$\text{Resolução} = \frac{1\text{ mm}}{20\text{ divisões}} = 0{,}05\text{ mm}$$

- **Nônio com 50 divisões**

$$\text{Resolução} = \frac{1\ \text{mm}}{50\ \text{divisões}} = 0{,}02\ \text{mm}$$

Medição com paquímetro

O paquímetro é um instrumento versátil e pode ser usado para medições de quatro maneiras diferentes. A figura abaixo ilustra as diferentes formas em que um paquímetro pode ser utilizado.

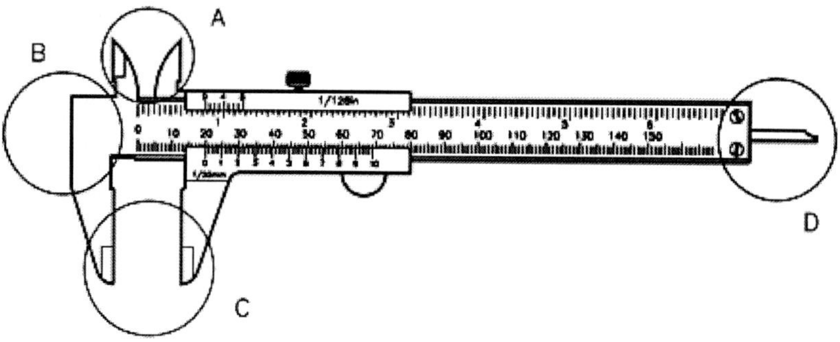

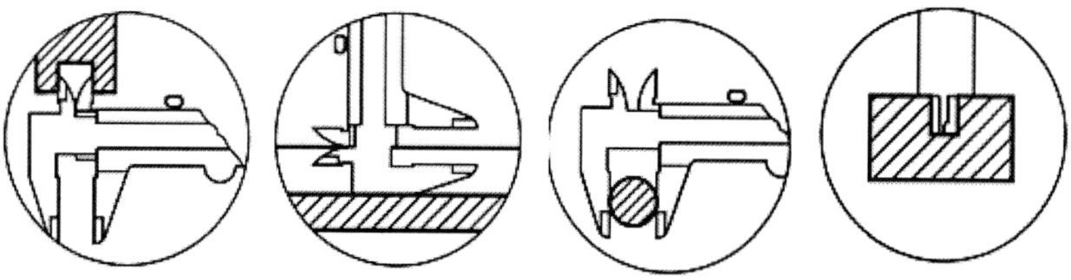

A interna | B de ressalto | C externo | D de profundidade

Para se usar corretamente o paquímetro, a peça a ser medida deve estar posicionada corretamente nas superfícies de medição.

É importante abrir o paquímetro com uma distância maior do que a dimensão do objeto a ser medido para evitar atritar a peça nas superfícies de medição do instrumento.

O centro da superfície de medição do encosto fixo deve ser posicionado em uma das extremidades da peça e o paquímetro deve ser fechado suavemente até que a superfície de medição do encosto móvel toque a outra extremidade.

Formas corretas de posicionar as peças entre as superfícies de medição.

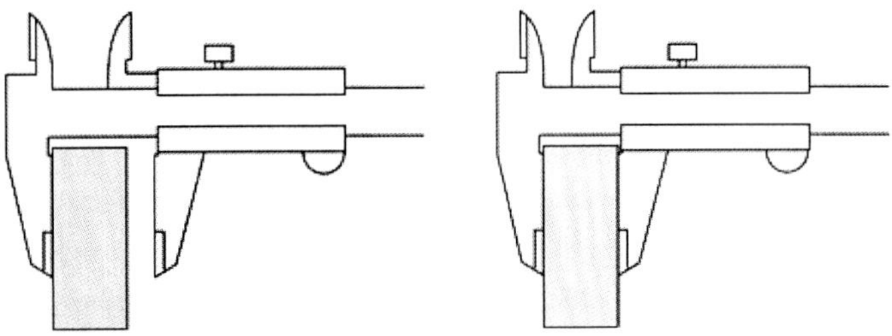

Evitar um aperto forte das superfícies de medição sobre o objeto que será medido, pois qualquer aplicação excessiva de pressão aumenta o desgaste do instrumento e também pode causar danos a trabalhos delicados ou frágeis.

Fazer a leitura posicionando o instrumento perpendicularmente à linha de visão, para evitar erro de leitura (paralaxe).

Feita a leitura da medida, o paquímetro deve ser aberto e a peça retirada, sem que os encostos a toquem. Nas medidas externas, a peça a ser medida deve ser colocada o mais próximo possível da escala principal. Para maior segurança nas medições, as superfícies de medição devem ser apoiadas perpendicularmente à peça.

Posicionamento do paquímetro para medições externas.

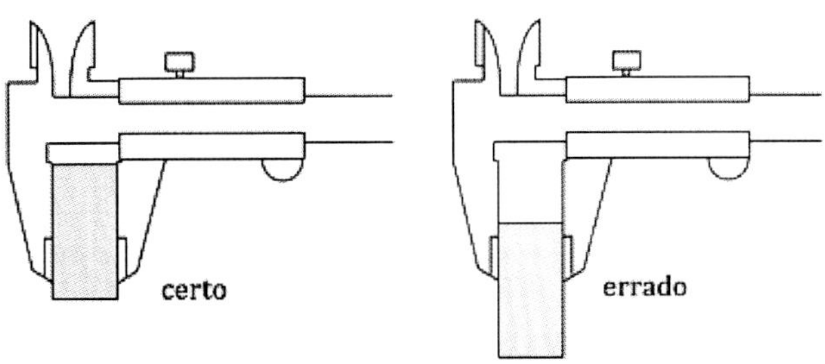

Nas medidas internas, as superfícies de medição interna devem ser introduzidas o máximo possível, fazendo com que as mesmas se apoiem perfeitamente na superfície da peça.

Para maior segurança nas medições de diâmetros internos, as superfícies de medição interna devem coincidir com a linha de centro do furo. Toma-se, então, a máxima leitura para diâmetros internos e a mínima leitura para ranhuras.

Posicionamento do paquímetro para medições internas.

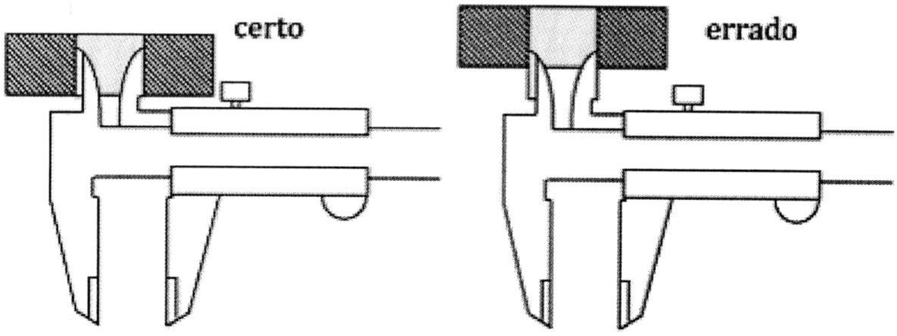

Sempre que o cursor desliza sobre a régua, uma haste para medição de profundidade também desliza para dentro e para fora da régua. Este é um acessório útil para medir profundidades com um alto grau de precisão.

Para medidas de profundidade, apoia-se o paquímetro corretamente sobre a peça, evitando que ele fique inclinado, e a haste de medição de profundidade deve ficar perpendicular em relação ao fundo da peça.

Para medida de ressaltos, coloca-se a parte do paquímetro apropriada para ressaltos perpendicularmente à superfície de referência da peça. Não se deve usar a haste de profundidade para esse tipo de medição, porque ela não permite um apoio firme.

Resolução do Paquímetro

A resolução de um dispositivo mostrador é a menor diferença entre indicações mostradas que pode ser significativamente percebida.

Em instrumentos com mostradores digitais, a resolução corresponde ao incremento digital. Para mostradores analógicos, a resolução de leitura será sempre o menor valor que, com segurança, pode ser lido em uma medição.

Ou seja, a resolução refere-se à menor variação dessa grandeza que pode ser percebida, com segurança, pelo operador.

O paquímetro é usado quando a quantidade de peças que se quer medir é pequena. Os instrumentos mais utilizados apresentam uma resolução de:

- ***0,05 mm***
- ***0,02 mm***
- ***1/128"***
- ***0.001"***

A resolução de um paquímetro pode ser calculada utilizando-se a seguinte fórmula:

Resolução = (valor divisão escala principal) / (valor divisão escala do nônio)

Por exemplo, para calcular a resolução de um paquímetro com 20 divisões:

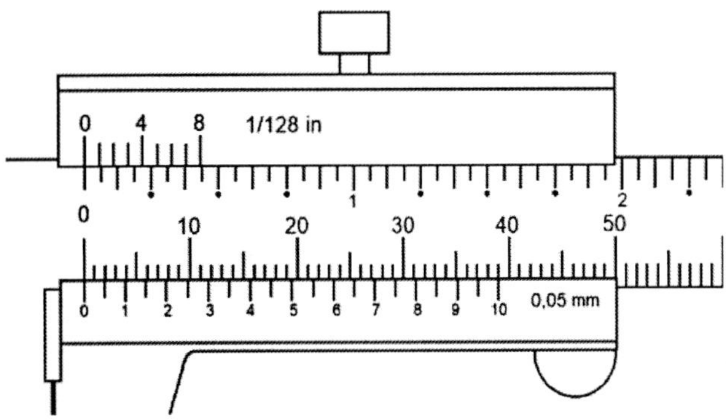

Detalhe do nônio em relação à escala principal.

Resolução = (valor divisão escala principal) / (valor divisão escala do nônio)

Resolução = 1 mm / 20 = 0,05 mm

No sistema em polegada fracionário, cada divisão da escala principal vale 1/16 de polegada, pois se verificarmos uma polegada está dividida em 16 partes e o nônio possui 8 divisões, então temos:

Nônio com n = 8 partes e valor da menor divisão da escala principal D = 1/16".

Assim, a resolução do paquímetro descrito acima é 1/128".

Leitura da Medida com Paquímetro

Os paquímetros geralmente são fabricados com faixa de operação de 150 mm a 2000 mm ou no sistema inglês de 6" a 80".

Para a realização da leitura da medição com um paquímetro, devemos, primeiramente, identificar qual o tipo de instrumento a ser utilizado, qual escala será utilizada (mm ou polegadas) e qual a sua resolução.

Em seguida, seguir a seguinte sequência:

a) Fechar completamente o paquímetro e observar a posição do ponto zero das escalas, e registrar a leitura caso os traços dos zeros da escala principal e da escala móvel não estejam coincidindo. Se os traços não estiverem alinhados, o instrumento está apresentando problemas e o resultado da medição pode ser comprometido.

b) Posicionar o paquímetro na peça a ser medida e realizar a leitura da escala principal, observando qual foi o último traço da escala principal que o zero da escala móvel passou.

c) Analisar a escala móvel e identificar qual o traço da escala móvel que mais coincide com algum traço da escala principal. Anotar este valor.

d) Fazer a composição dos valores lidos da seguinte forma:

Para leitura do paquímetro em milímetros.

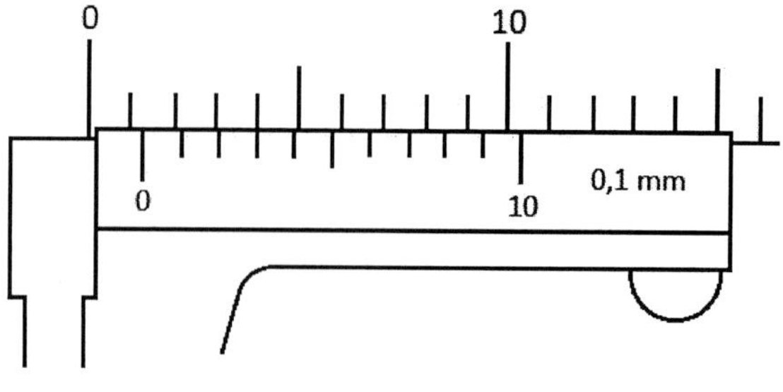

- ✓ Resolução = 1/10 = 0,1 mm.
- ✓ Leitura escala principal= 1 mm.
- ✓ Leitura escala móvel = 3º traço x 0,1 = 0,3 mm.
- ✓ Medida = 1 + 0,3 = 1,3 mm.

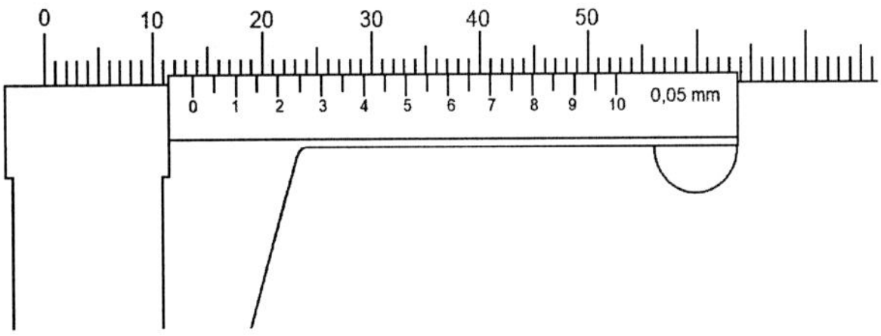

- ✓ Resolução = 1/20 = 0,05 mm.
- ✓ Leitura escala principal= 13 mm.
- ✓ Leitura escala móvel = 13º traço x 0,05 =0,65 mm.
- ✓ Medida = 13 + 0,65 = 13,65 mm

Para Leitura do paquímetro em Polegadas Fracionárias.

A escala de polegada fracionária de um paquímetro está dividida em 16 partes, ou seja, cada traço da escala mede 1/16" (um dezesseis avos de polegada).

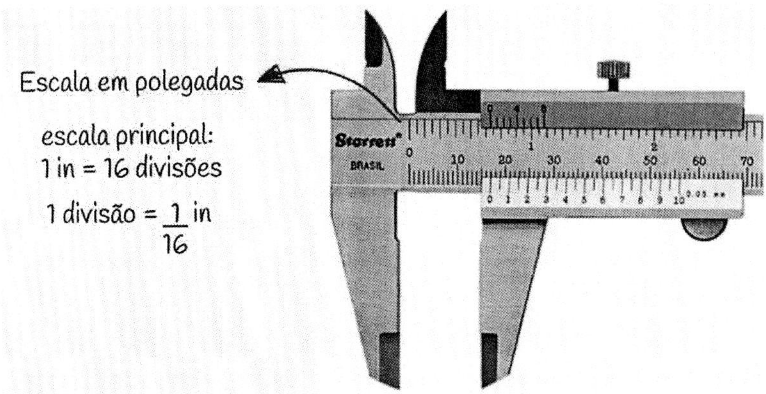

O nônio da escala de polegada fracionária de um paquímetro está dividido em 8 partes.

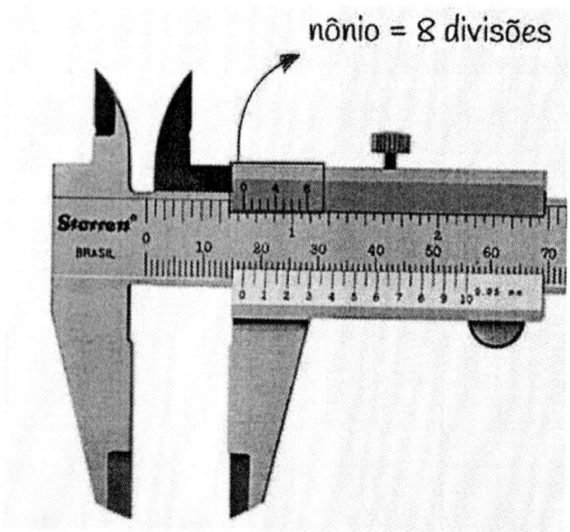

Logo, se dividirmos o 1/16" por 8, encontraremos 1/128" que se trata da menor fração da polegada fracionária. Neste caso, a resolução do paquímetro é de 1/128" de polegada, o que equivale aproximadamente a 0,2mm

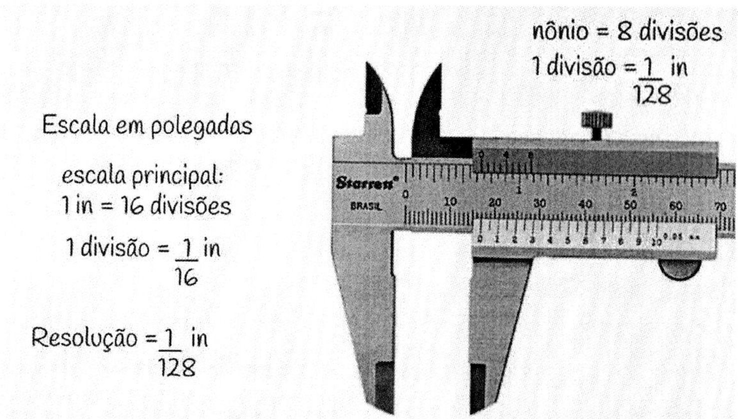

Para realizarmos a leitura, deve-se proceder da seguinte forma:

a) Fechar completamente o paquímetro e observar a posição do ponto zero das escalas, e registrar a leitura caso os traços dos zeros da escala principal e da escala móvel não estejam coincidindo. Se os traços não estiverem alinhados, o instrumento está apresentando problemas e o resultado da medição pode ser comprometido.

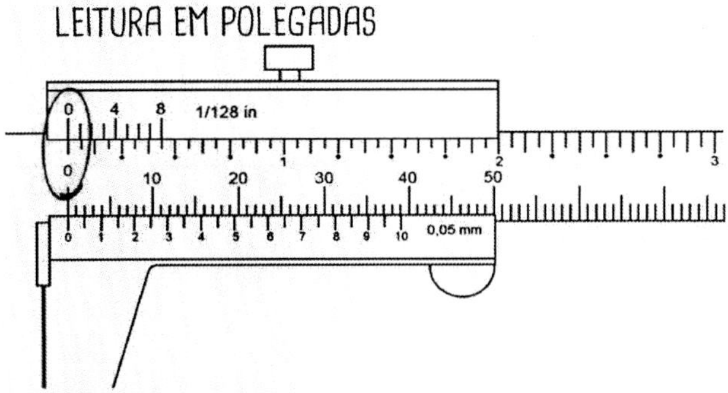

b) Posicionar o paquímetro na peça a ser medida e realizar a leitura da escala principal, observando qual foi o último traço da escala principal que o zero da escala móvel passou.

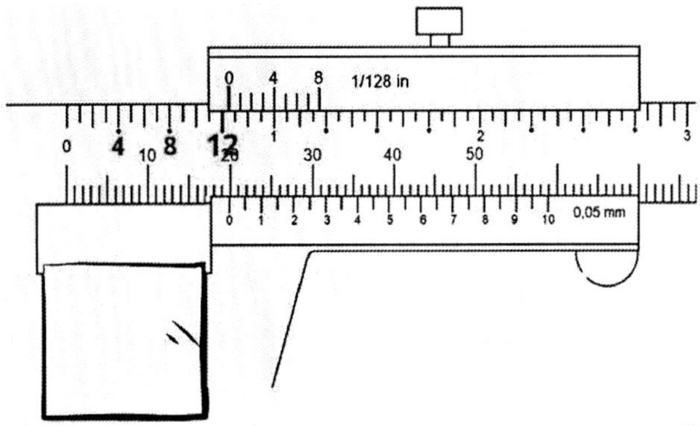

No exemplo acima a leitura da escala próximo do zero foi de 12.

Multiplica-se o 12 encontrado antes do zero pelo número 8 das oito divisões do nônio.

Teremos 12 x 8 = 96.

c) Analisar a escala móvel e identificar qual o traço da escala móvel que mais coincide com algum traço da escala principal. Anotar este valor.

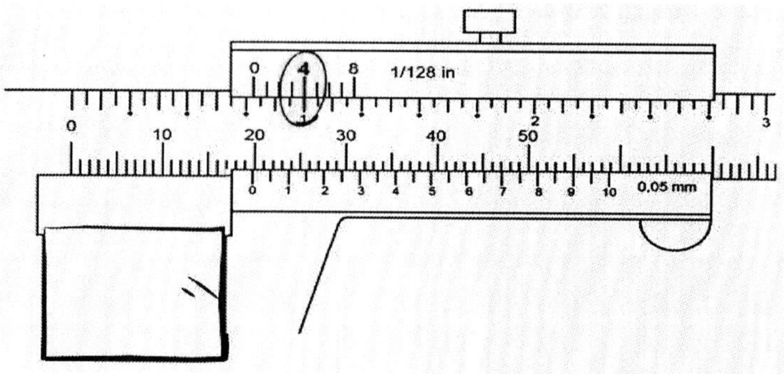

Neste caso o traço que coincidiu foi o número 4.

Soma-se o valor encontrado na escala pela multiplicação com o valor que coincidiu no traço do nônio.

Desta forma obtemos 96 + 4 = 100

Acrescenta-se como denominador o 128, que corresponde a menor fração da polegada e temos 100/128".

Em polegada fracionária o numerador sempre deverá ser um número ímpar e o denominador sempre deverá ser um número par.

Quando o numerador e o denominador forem números pares, devemos simplificar por 2 até que o numerador se torne um número ímpar.

Assim:

100/128" : 2 = 50/64"

50/64" ; 2 = 25/32"

Temos então a medida de 25/32"

Obs: Em polegada fracionária, o numerador nunca pode ser maior que o denominador.

Exemplo 1:

- ✓ Leitura escala fixa= 6
- ✓ Escala x nônio= 6 x 8 = 48
- ✓ Leitura do nônio= 2

- ✓ Somatório da escala x nônio= 48 + 2 = 50
- ✓ Medida= 50/128"
- ✓ Simplificando= 50/128" : 2 = **25/64"**

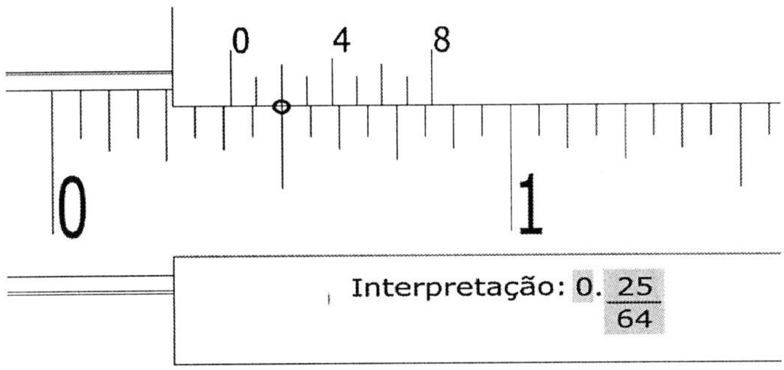

Exemplo 2:

- ✓ Leitura escala fixa= 0
- ✓ Escala x nônio= 0 x 8 = 0
- ✓ Leitura do nônio= 4
- ✓ Somatório da escala x nônio= 0 + 4 = 4
- ✓ Medida= 4/128"
- ✓ Simplificando= 4/128" : 2 = 2/64"
  2/64" : 2 = **1/32"**

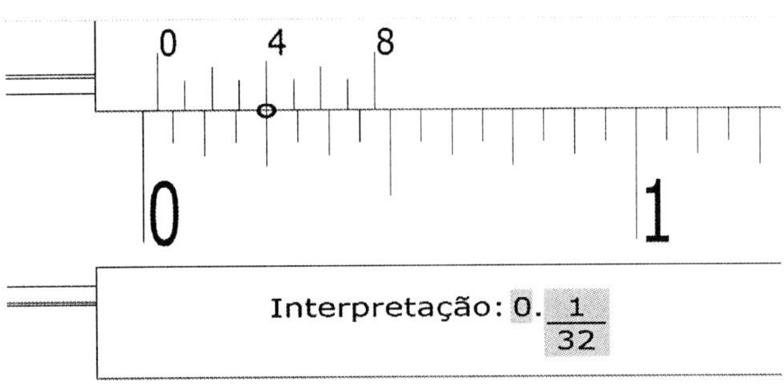

Exemplo 3:

- ✓ Leitura escala fixa= 11
- ✓ Escala x nônio= 11 x 8 = 88
- ✓ Leitura do nônio= 0
- ✓ Somatório da escala x nônio= 88 +04 =88
- ✓ Medida= 88/128"
- ✓ Simplificando= 88/128" : 2 = 44/64"

  44/64" : 2 = 22/32"

  22/32" : 2 = **11/16"**

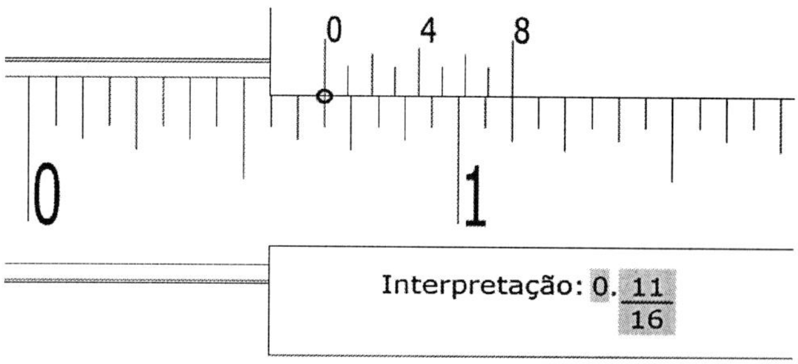

Para Leitura do paquímetro em Polegada Milesimal.

a) Fechar completamente o paquímetro e observar a posição do ponto zero das escalas, e registrar a leitura caso os traços dos zeros da escala principal e da escala móvel não estejam coincidindo. Se os traços não estiverem alinhados, o instrumento está apresentando problemas e o resultado da medição pode ser comprometido.

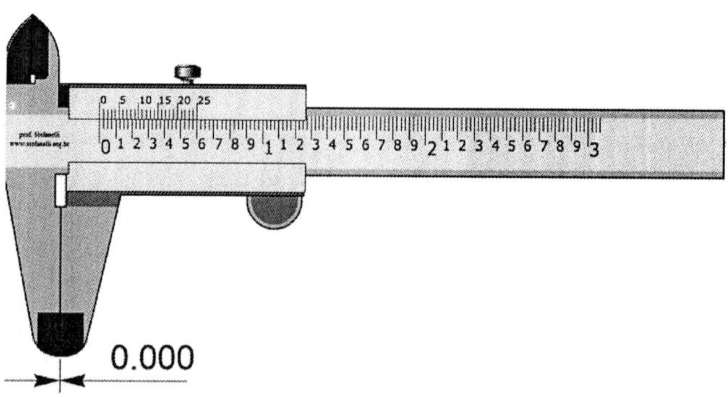

b) Posicionar o paquímetro na peça a ser medida e realizar a leitura da escala principal, observando qual foi o último traço da escala principal que o zero da escala móvel passou.

c) Analisar a escala móvel e identificar qual o traço da escala móvel que mais coincide com algum traço da escala principal. Anotar este valor.

d) Fazer a composição dos valores lidos da seguinte forma:

O nônio do paquímetro de polegada milesimal é bem diferente do paquímetro de polegada fracionária.

Como podemos observar o nônio é dividido em 25 partes.

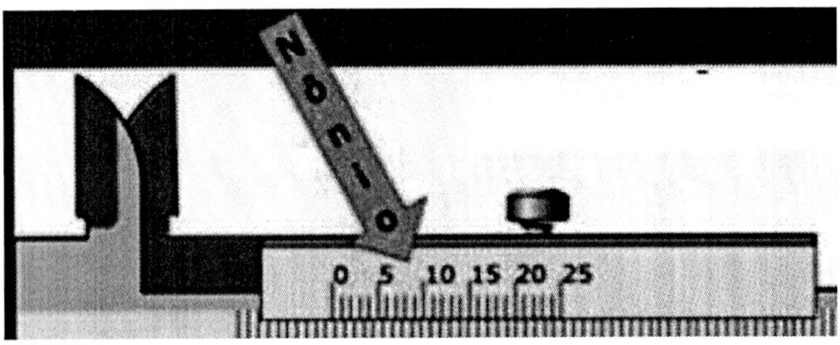

Na escala fixa uma polegada é dividida em 40 partes.

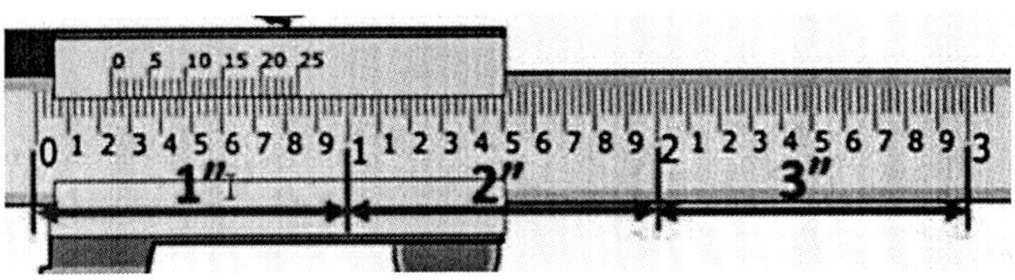

Sendo assim:

Cada divisão da escala fixa vale 0,025 de polegada, ou seja, 25 milésimos.

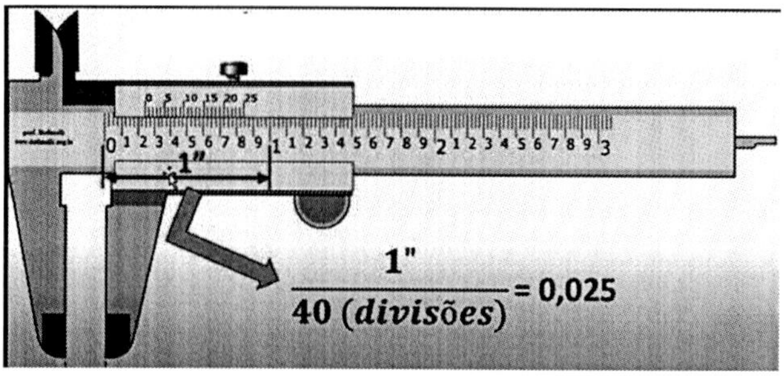

Obs: Nunca esqueça que para cálculo de polegada milesimal utilizamos para o valor de 1" apenas o número 1. A polegada só vale 25,4mm quando falamos em milímetros.

No paquímetro de polegada milesimal, temos uma relação de pontos na escala fixa, onde 1" possui 10 divisões marcadas de 1 a 9 as quais cada divisão corresponde a 1 décimo de polegada, ou seja 0,1, e dentro de cada décimo possuímos 4 marcações as quais cada uma delas corresponde a 25 milésimos ou seja 0,025.

Conforme figura a seguir:

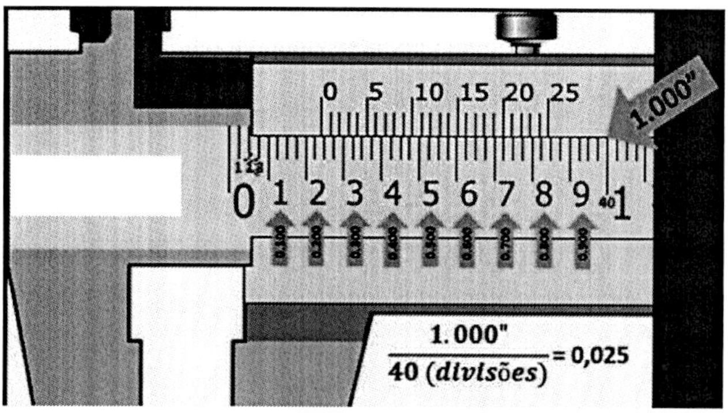

Sendo assim:

0,025 x 4 + 0,1"

0,1 x 10 = 1".

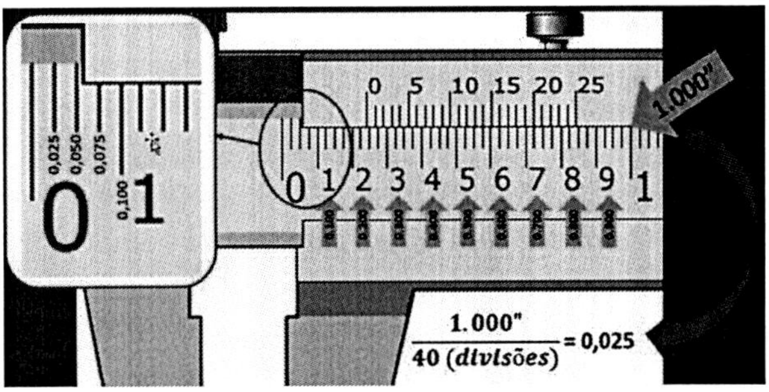

Assim como toda unidade de medida, a polegada milesimal também possui sua menor divisão.

Esta menor divisão da polegada está discriminada pelo nônio em 25 partes, ou seja, cada divisão da escala fixa possui 25 partes.

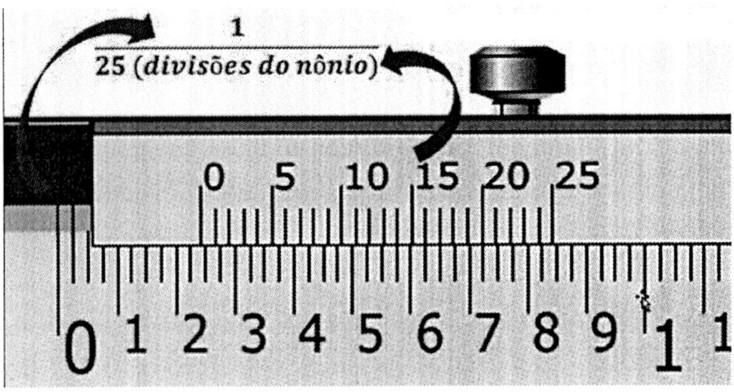

Sendo assim:

Na escala fixa temos:

$$\frac{1''}{40\ (divisões)} = 0{,}025$$

Para cada divisão da escala fixa temos:

$$\frac{0{,}025}{25\ (divisões\ do\ nônio)} = 0{,}001$$

Desta forma, concluímos que cada divisão da escala fixa mede 0,025", ou seja, 25 milésimos e cada divisão do nônio mede 0,001", ou seja 1 milésimo.

Para realizarmos a leitura seguimos da seguinte forma:

Verificamos a figura seguinte para entendermos como se faz a leitura do paquímetro em polegada milesimal.

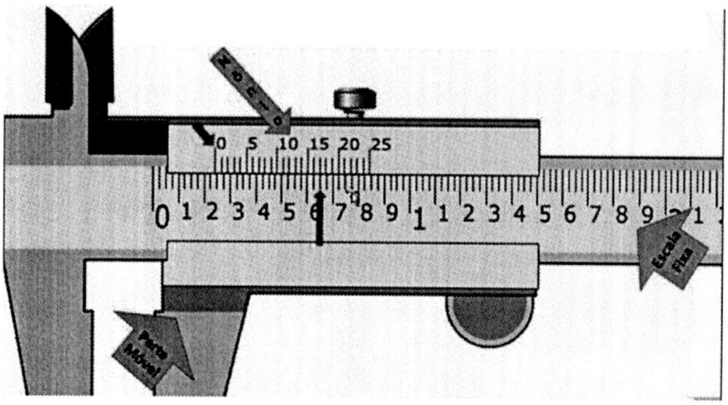

A escala móvel se movimenta para realizar a medida da peça, neste instante o nônio corre pela escala fixa nos indicando valores aos quais devemos entender da seguinte forma:

Observa-se qual número está indicado no paquímetro antes do zero do nônio, e neste caso temos:

Sendo assim nossa leitura deve seguir as seguintes orientações:

Posição do zero do nônio + número de divisões da escala fixa + número das divisões do nônio.

Como não atingimos uma polegada isso significa que temos um valor menor, ou seja, a, 2, que é o numero antes do zero do nônio.

Antes do zero do nônio ainda temos 1 tracinho após o número 2, este tracinho vale 0,025.

Observando a escala do nônio, podemos verificar que o traço de número 17, ou seja, 0,017.

Realizando o somatório dos valores temos:

0,2 + 0,025 + 0,017 = 0,242"

Novo exemplo:

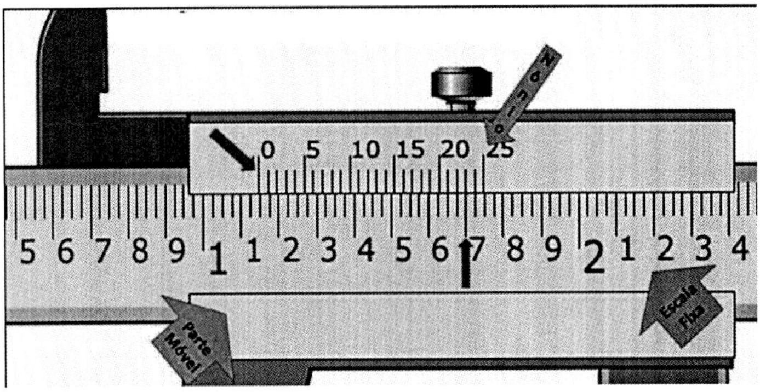

Neste exemplo temos:

Verifica-se que o zero do nônio ultrapassou 1 polegada da escala fixa, sendo assim temos 1 polegada.

Dando sequência podemos observar que o 0 zero da escala do nônio também ultrapassou o 1 após a polegada, então temos 1,1.

Antes do zero do nônio também temos 1 traço da escala fixa após o número 1, ou seja, temos 0,025.

Já na escala do nônio temos a marcação de 23 traços que equivale a 0,023.

Somando todos os valores temos:

1 + 0,1 + 0,025 + 0,023 = 1,148"

Erro de indicação.

As exigências para o erro de indicação se aplicam para qualquer indicação baseada na posição de zero. Estas exigências se aplicam independentemente da amplitude de medição do instrumento. O erro de indicação não deve ser maior do que o máximo permissível.

Erro máximo admissível de indicação.

<table>
<tr><th></th><th colspan="6">Escala circular ou nônio</th><th>Indicação digital</th></tr>
<tr><th rowspan="2">Valor indicado</th><th colspan="6">Valor de uma divisão</th><th>Resolução</th></tr>
<tr><th colspan="2">Paquímetros</th><th colspan="2">Paquímetros de profundidade</th><th>Paquímetros</th><th>Paquímetros de profundidade</th><th>Paquímetros e paquímetros de profundidade</th></tr>
<tr><th>mm</th><th>0,1 mm</th><th>0,05 mm</th><th>0,1 mm</th><th>0,05 mm</th><th>0,02 mm</th><th>0,02 mm</th><th>0,01 mm</th></tr>
<tr><td>até 100</td><td rowspan="2">± 50</td><td rowspan="2">± 50</td><td rowspan="2">± 50</td><td rowspan="2">± 50</td><td>± 20</td><td>± 20</td><td>± 20</td></tr>
<tr><td>acima de 100 até 400</td><td rowspan="2">± 30</td><td rowspan="2">± 30</td><td rowspan="2">± 30</td></tr>
<tr><td>acima de 400 até 600</td><td rowspan="2">± 100</td><td>± 75</td><td rowspan="2">± 100</td><td>± 75</td></tr>
<tr><td>acima de 600 até 800</td><td>± 100</td><td>± 100</td><td rowspan="2">± 40</td><td rowspan="2">± 40</td><td rowspan="2">± 40</td></tr>
<tr><td>acima de 800 até 1000</td><td rowspan="2">± 150</td><td>± 125</td><td>± 150</td><td>± 125</td></tr>
<tr><td>acima de 1000 até 1400</td><td>± 150</td><td rowspan="3"></td><td rowspan="3"></td><td>± 50</td><td rowspan="3"></td><td rowspan="3"></td></tr>
<tr><td>acima de 1400 até 1600</td><td rowspan="2">± 200</td><td>± 175</td><td rowspan="2">± 60</td></tr>
<tr><td>acima de 1600 até 2000</td><td>± 200</td></tr>
</table>

Os requisitos devem ser atendidos independentemente para cada sentido de força de medição. Para medições com mudança no sentido da força de medição, os erros máximos admissíveis são acrescidos de 20 µm.

Para medições com haste de profundidade, o erro admissível é acrescido de 20 µm.

O erro de indicação pode ser avaliado com blocos-padrão de acordo com a ISO 3650 e com anel-padrão.

Deve-se efetuar a calibração num certo número de posições da capacidade de medição e de tal modo que a cada medição individual possam coincidir diferentes traços do nônio. Isso quer dizer que devem ser calibrados pontos aleatórios, evitando-se concentrar apenas nos valores inteiros da escala, por exemplo, 5, 10, 15, 20, etc.

Sempre que possível, devem ser considerados valores intermediários, como 5,25 e 7,8, 14,3, etc., dependendo da facilidade de montagem dos blocos-padrão.

Para medições internas, os erros devem ser verificados com calibradores-padrão internos, blocos-padrão, micrômetros, etc., seguindo os mesmos critérios que para medições externas.

Para diferentes **aplicações**, temos os seguintes tipos de Paquímetro.

Paquímetro universal com relógio: O relógio acoplado ao cursor facilita a leitura, agilizando a medição.

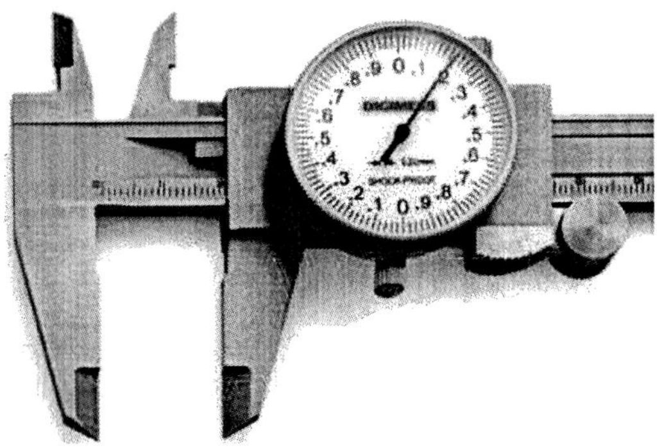

Paquímetro com bico móvel (basculante): Empregado para medir peças cônicas ou peças com rebaixos de diâmetros diferentes.

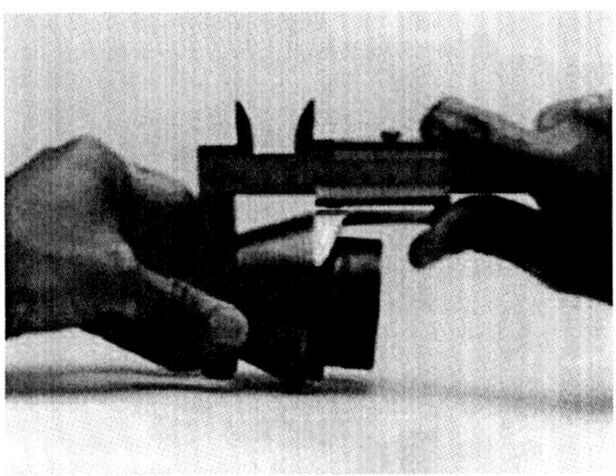

Paquímetro de profundidade: Serve para medir a profundidade de furos não vazados, rasgos, rebaixos etc.

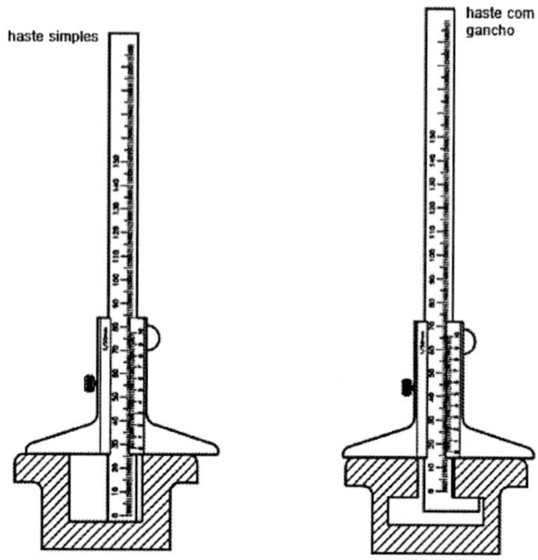

Paquímetro duplo: Serve para medir dentes de engrenagens.

Paquímetro digital: Utilizado para leitura rápida, livre de erro de paralaxe, e ideal para controle estatístico.

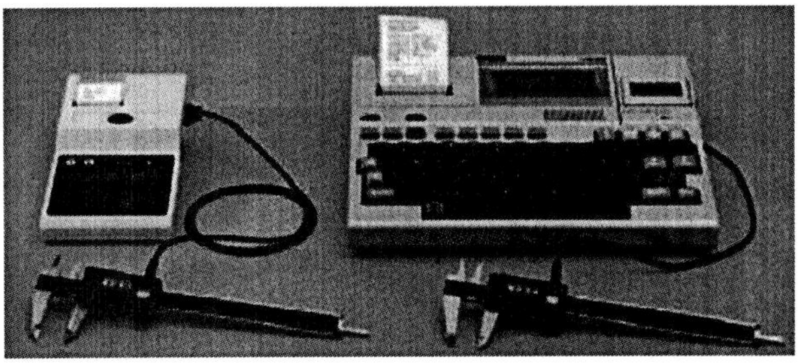

<u>Traçador de altura:</u> É empregado na traçagem de peças, para facilitar o processo de fabricação e, com auxílio de acessórios, no controle dimensional.

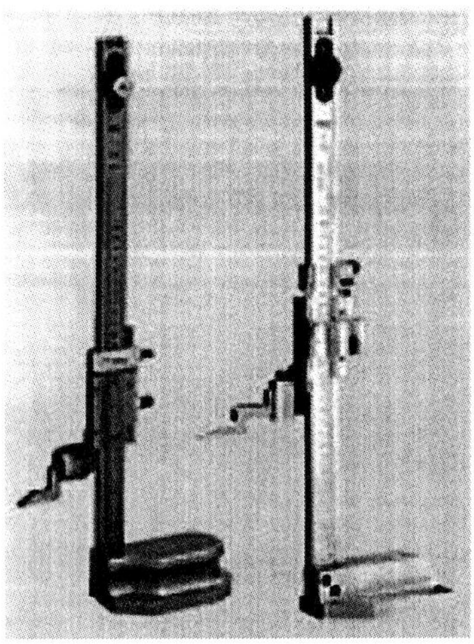

6.1.4 - Micrômetro:

O micrômetro é um instrumento de medição utilizado onde se faz necessário uma exatidão superior à exigida para o paquímetro. Ou seja, quando se necessita medir com tolerâncias mais apertadas daquelas que o paquímetro pode oferecer, usa-se o micrômetro.

É um instrumento metrológico capaz de aferir as dimensões lineares de um objeto (tais como espessura, altura, largura, profundidade, diâmetro etc.) com precisão da ordem de mícrons, que são a milionésima parte do metro.

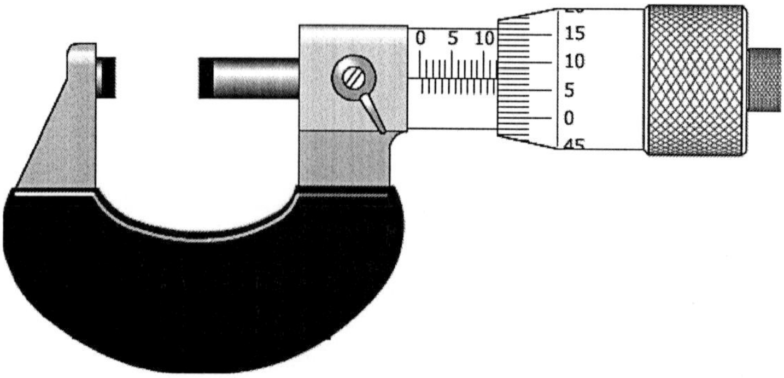

Jean Louis Palmer apresentou, pela primeira vez, um micrômetro para requerer sua patente. O instrumento permitia a leitura de centésimos de milímetro, de maneira simples. Com o decorrer do tempo, o micrômetro foi aperfeiçoado e possibilitou medições mais rigorosas e exatas do que o paquímetro.

De modo geral, o instrumento é conhecido como micrômetro. Na França, entretanto, em homenagem ao seu inventor, o micrômetro é denominado palmer.

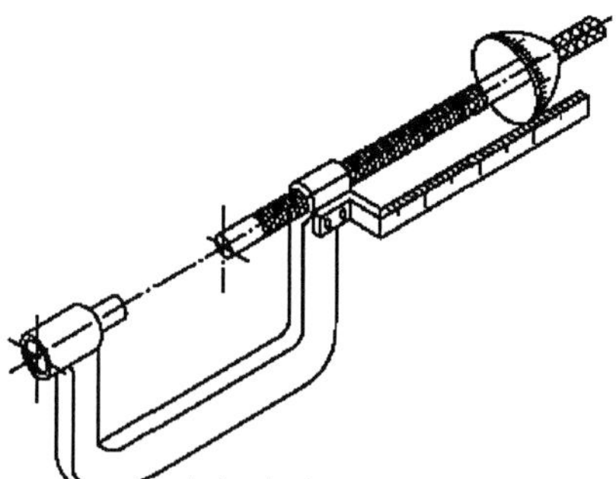

micrômetro de Palmer (1848)

O princípio de funcionamento do instrumento é baseado no deslocamento axial de um parafuso com passo de alta precisão, dentro de uma porca micrometricamente usinada, ou seja, lapidado.

Quando o parafuso micrométrico gira, este avança a face de medição proporcionalmente ao passo da rosca.

Dividindo-se a cabeça do parafuso, podem-se avaliar frações menores que uma volta e, com isso, medir comprimentos menores do que o passo do parafuso.

Os micrômetros foram os primeiros instrumentos que atenderam ao princípio de Ernest Abbé. As máquinas de medir modernas operam com o mesmo princípio do micrômetro, ou seja, são construídas de forma a minimizar os erros de 1ª ordem e em alguns casos até de 2ª ordem.

O desenvolvimento dos micrômetros deslanchou o avanço tecnológico na fabricação de roscas e fusos de alta qualidade.

Modernamente microprocessadores estão sendo integrados à estrutura dos micrômetros, os quais executam, além da medição de forma versátil, uma série de cálculos estatísticos.

Os erros do movimento de avanço de um fuso de medição que correspondem aos erros de divisão de uma escala dependem de diversos fatores:

- ✓ os erros do passo da rosca;
- ✓ do perpendicularismo dos sensores de medição em relação ao eixo do parafuso de medição;
- ✓ da planicidade dos sensores de medição;
- ✓ do paralelismo dos sensores de medição;
- ✓ da cilindricidade do tambor de leitura;
- ✓ do erro da divisão do tambor.

Em primeiro lugar, devem ser citados os erros do passo da rosca. O passo pode estar afetado de erros, que se somam de filete, denominados "erros progressivos".
O valor destes erros, só se verifica depois de uma ou mais voltas completas, embora evidentemente afetem também comprimentos que não correspondem a uma volta completa.

No espaço de uma volta há, entretanto, erros na rosca que perturbam a uniformidade do avanço. Como esses erros se repetem de volta em volta, denominam-se "erros periódicos".

<u>Partes de um Micrômetro</u>

Embora os nomes de cada parte de um micrômetro sejam padronizados, existem regiões e ou culturas técnicas distintas que denominam partes diferentes para seus componentes, porém, suas funções são preservadas e desempenham o mesmo trabalho. Abaixo algumas nomenclaturas distintas para algumas das partes do micrômetro.

Exemplo 01.

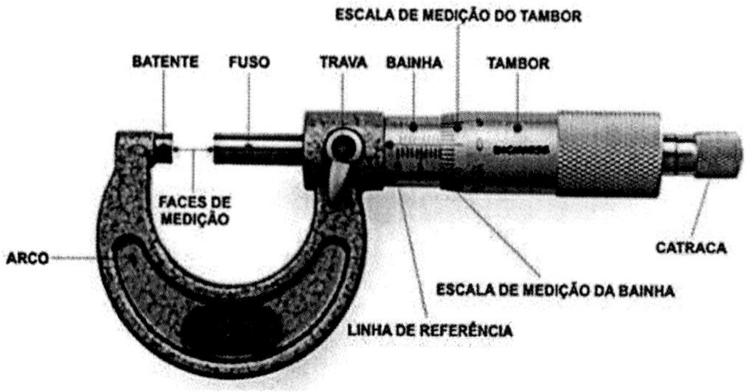

Exemplo 02.

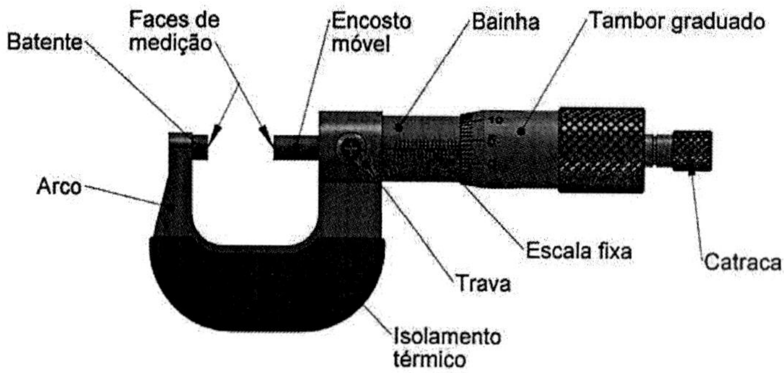

Exemple 03.

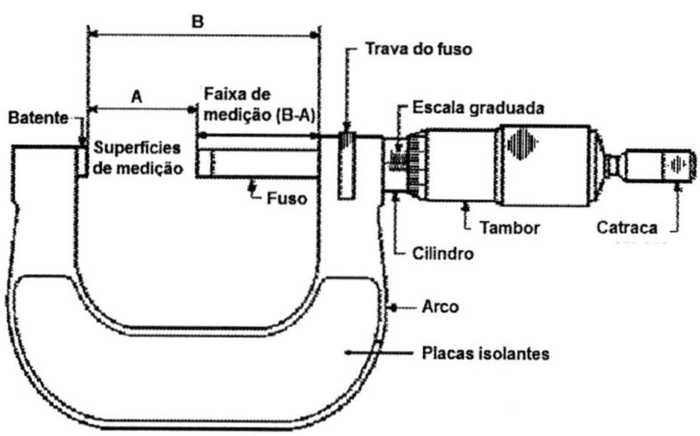

- ✓ O arco é constituído de aço especial ou fundido, tratado termicamente para eliminar as tensões internas.
- ✓ O isolante térmico, fixado ao arco, evita sua dilatação porque isola a transmissão de calor das mãos para o instrumento.
- ✓ O fuso micrométrico é construído de aço especial temperado e retificado para garantir exatidão do passo da rosca.
- ✓ As superfícies de medição tocam a peça a ser medida e, para isso, apresentam-se rigorosamente planos e paralelos. Em alguns instrumentos, os contatos são de metal duro, de alta resistência ao desgaste.
- ✓ A porca de ajuste permite o ajuste da folga do fuso micrométrico, quando isso é necessário.
- ✓ O tambor é onde se localiza a escala centesimal. Ele gira ligado ao fuso micrométrico. Portanto, a cada volta, seu deslocamento é igual ao passo do fuso micrométrico.
- ✓ A catraca assegura uma pressão de medição constante.
- ✓ A trava permite imobilizar o fuso numa medida predeterminada.

A capacidade de medição dos micrômetros normalmente é de 25 mm (ou 1"), variando o tamanho do arco de 25 em 25 mm (ou 1 em 1"), podendo chegar a 2 000 mm (ou 80"). O escalonamento é de 25 mm, sendo:

- ✓ *0 a 25,*
- ✓ *25 a 50,*
- ✓ *50 a 75 mm, etc.*

Resolução

A resolução representa a menor diferença entre indicações de um dispositivo mostrador que pode ser significativamente percebida, ou seja, a menor leitura do instrumento.

A resolução nos micrômetros podem ser de 0,01 mm, 0,001 mm, 0,001" ou 0,0001".

Em um micrômetro convencional cada divisão da escala principal, ou seja, do cilindro graduado, possui 0,5 mm e a escala do tambor possui 50 divisões, então temos:

Resolução = (divisão da escala principal) / (divisão da escala do tambor)

Logo,

Resolução = 0,5 mm / 50 = 0,01 mm

Assim temos;

Cada divisão da escala principal = 0,5 mm

Cada divisão da escala do tambor = 0,01 mm

Quando o micrômetro possui divisões no nônio, deve-se dividir a resolução obtida para o tambor pelo número de divisões do nônio, que geralmente é 10 divisões, então têm-se:

Resolução = (divisão da escala do tambor) / (divisão da escala do nônio)

Logo,

Resolução = 0,01 mm / 10 = 0,001 mm

Escala de um Micrômetro:

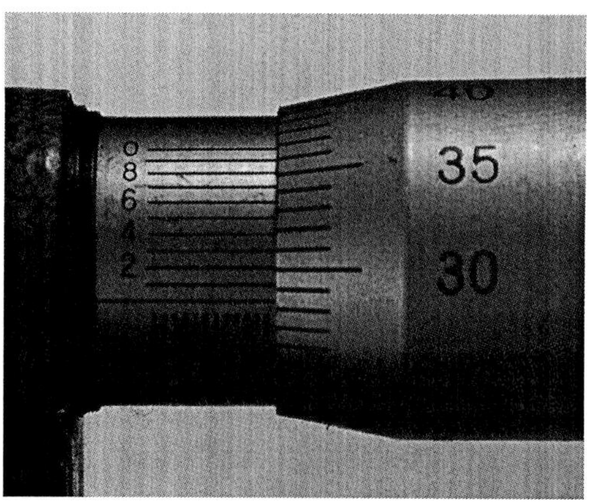

No micrômetro de 0 a 25 mm ou de 0 a 1", quando as faces dos contatos estão juntas, a borda do tambor coincide com o traço zero (0) da bainha. A linha longitudinal, gravada na bainha, coincide com o zero (0) da escala do tambor.

Medição com Micrômetro

Os micrômetros obedecem ao "princípio de Abbé". Segundo Abbé, um instrumento de medição deve possuir como condição ideal a escala alinhada com a posição na qual o objeto a medir é colocado.

Antes de iniciar a medição de uma peça, devemos calibrar o instrumento de acordo com a sua capacidade.

Para os micrômetros cuja capacidade é de 0 a 25 mm, ou de 0 a 1", precisamos tomar os seguintes cuidados:

- ✓ limpar cuidadosamente as partes móveis eliminando poeiras e sujeiras, com pano macio e limpo;
- ✓ antes do uso, limpe as superfícies de medição; use somente uma folha de papel macio;
- ✓ encostar suavemente as superfícies de medição usando apenas a catraca;
- ✓ verifique a coincidência das linhas de referência da bainha com o zero do tambor; se estas não coincidirem, faça o ajuste movimentando a bainha com a chave de micrômetro, que normalmente acompanha o instrumento.

Fontes de Erros nas Medições com Micrômetros

É importante o estudo das fontes de erros em micrômetros para sua minimização durante o processo de medição.

Uma das grandezas físicas que mais influencia nas medições é a temperatura. Uma parcela do erro dos micrômetros se deve à transferência de calor no momento em que o operador trabalha com o mesmo, segurando-o. Este procedimento causa erro de leitura, desalinhamento dos sensores pela dilatação do arco, etc. Pode ser reduzido pelo emprego de um plástico (isolante) no arco do micrômetro ou segurando o mesmo por intermédio de um pedaço de couro.

Mais correto ainda é segurar o micrômetro num suporte especial que fabricado para este fim. O emprego de um suporte para fixação do micrômetro é recomendado sempre que possível.

A incidência direta de luz solar, proximidade de um forno ou ventilador, são também situações que se deve evitar.

Outro problema comum é a deflexão do arco. A aplicação de uma força de medição sem uso da catraca pode causar a deflexão do arco resultando na separação das superfícies de medição. Além da deflexão do arco, forças excessivas provocam deformações e achatamento nas peças submetidas à medição, o que é uma fonte de erro significativa.

O emprego da catraca, aliado a um movimento suave e lento garante força de medição constante e com isto, resultados com pequena dispersão de medição. Na própria medição, é necessário tomar cuidado para que a força de medição seja igual àquela usada na ajustagem e que não seja demasiada (o valor normalizado é 5 até 10 N). Por isso, o fuso deve ser apertado lentamente (sem impulso) sempre por intermédio da catraca, deixando-se a mesma deslizar durante 3 a 5 voltas. A velocidade de aproximação rápida dos sensores prejudica os componentes do mesmo.

Erros de leitura por paralaxe são evitados lendo-se o tambor perpendicularmente.

Durante a medição não se deve empurrar o micrômetro sobre as superfícies ásperas ou sujas. Também não se deve abrir o micrômetro para uma determinada medida, acionar a trava e forçá-lo sobre a peça como se fosse um calibrador de boca. Com este procedimento tem-se um desgaste rápido dos sensores.

Leitura da Medida com Micrômetro

Para realizar a leitura de uma medida com um micrômetro, deve-se observar a escala principal do tambor e o nônio, identificando qual a resolução do instrumento utilizado.

Após observar as escalas e analisar os valores, seguiremos a seguinte sequência:

1- Observar a posição da face do tambor e identificar qual a última graduação na escala principal que o tambor ultrapassou. Desta maneira temos a leitura na escala principal.

2- Em seguida, observar que na escala principal possui uma linha horizontal, chamada linha de leitura. Percorrer com os olhos a escala do tambor e identificar qual traço está coincidindo com esta linha horizontal, caso nenhuma venha a coincidir, identificar qual graduação da escala do tambor está imediatamente abaixo a esta linha. Assim, tem-se a leitura no tambor.

3- Percorrer com os olhos a escala do nônio e identificar qual graduação está coincidindo com alguma graduação da escala do tambor. Assim, tem-se a leitura no nônio.

A medida será obtida pelo somatório das leituras.

Medida = leitura da escala principal + leitura da escala do tambor + leitura do nônio

Exemplo 01. Micrômetro Centesimal.

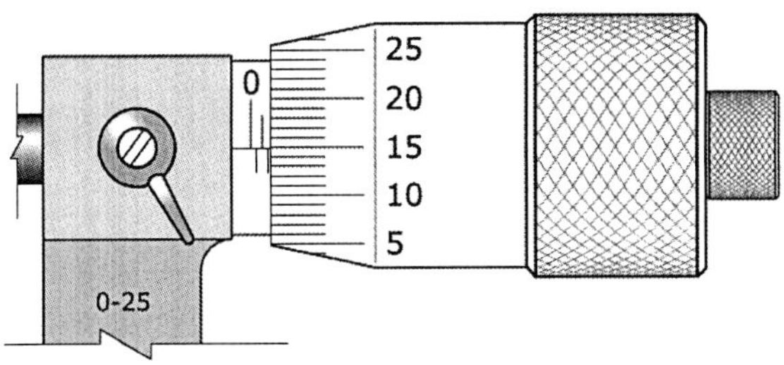

Resolução = 0,5/50 = 0,01 mm
Leitura escala principal superior = 1 mm
Leitura escala principal Inferior = 0,5 mm
Leitura no tambor = 0,15 mm
Medida = 1 + 0,50 + 0,15 = 1,65 mm

Exemplo 02. Micrômetro Centesimal.

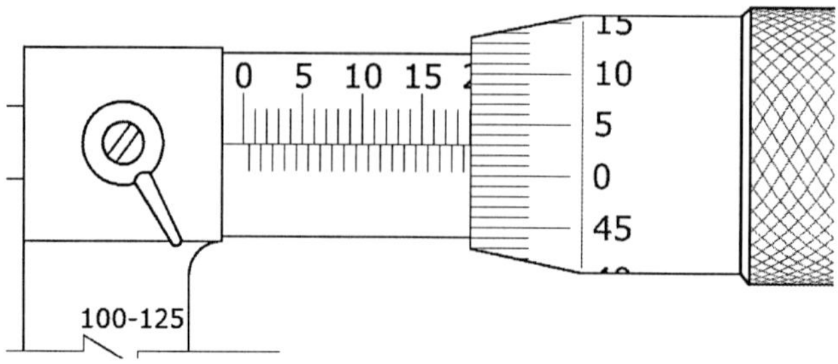

Resolução = 0,5/50 = 0,01 mm
Leitura escala principal superior = 19 mm
Leitura escala principal Inferior = 0,0 mm
Leitura no tambor = 0,03 mm
Medida = 100 + 19 + 0,0 + 0,03 = 119,03 mm

Obs: Observe que o micrômetro já inicia com uma abertura de 100mm, onde sua capacidade é de 100 a 125mm.

Exemplo 03. Micrômetro Milesimal.

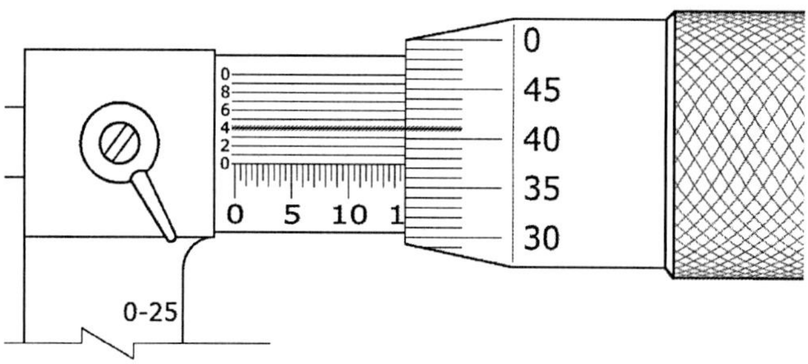

Resolução = 0,1/100 = 0,001 mm
Leitura escala principal = 14 mm
Leitura escala auxiliar = 0,5 mm
Leitura no tambor principal = 0,37 mm
Leitura no tambor auxiliar = 0,004 mm
Medida = 14 + 0,50 + 0,37 + 0,004 = 14,874 mm

Exemplo 04. Micrômetro Milesimal.

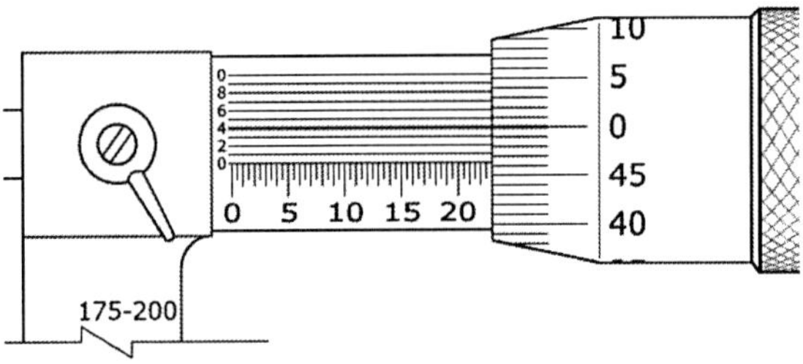

Resolução = 0,1/100 = 0,001 mm
Leitura escala principal = 22 mm
Leitura escala auxiliar = 0,5 mm
Leitura no tambor principal = 0,46 mm
Leitura no tambor auxiliar = 0,004 mm
Medida = 175 + 22 + 0,50 + 0,46 + 0,004 = 197,964 mm

Obs: Observe que o micrômetro já inicia com uma abertura de 100mm, onde sua capacidade é de 175 a 200mm.

*Para diferentes **aplicações**, temos os seguintes tipos de micrômetro.*

De profundidade: *Conforme a profundidade a ser medida, utilizam-se hastes de extensão, que são fornecidas juntamente com o micrômetro.*

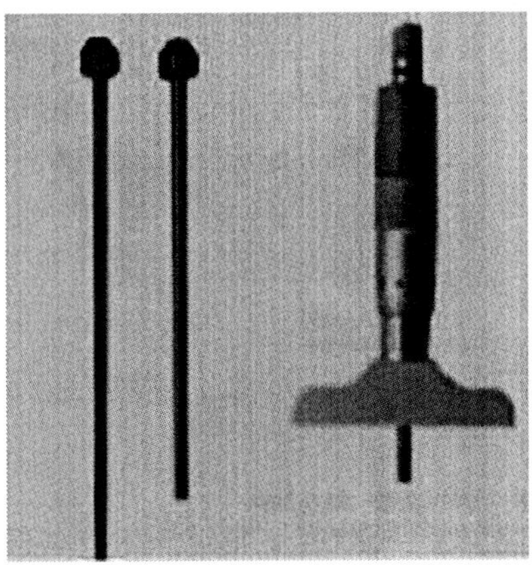

Com arco profundo: Serve para medições de espessuras de bordas ou de partes salientes das peças.

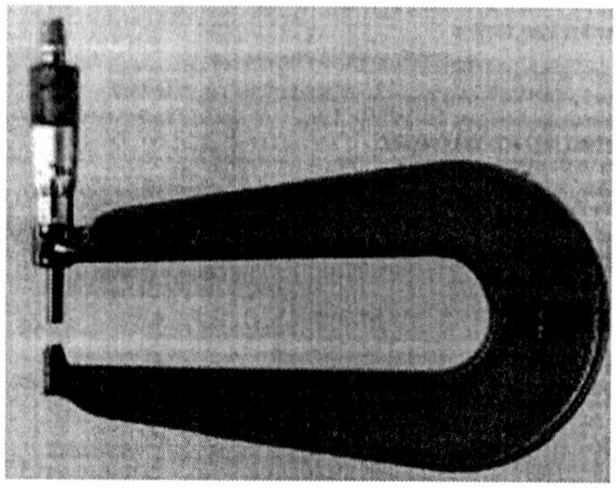

Com disco nas hastes: O disco aumenta a área de contato possibilitando a medição de papel, cartolina, couro, borracha, pano etc. Também é empregado para medir dentes de engrenagens.

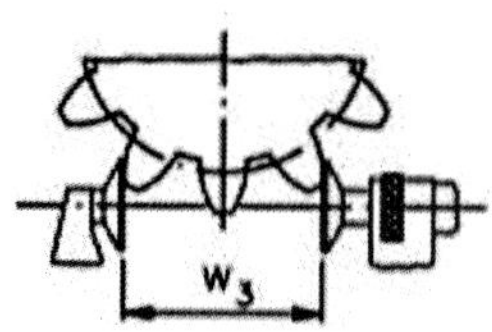

w = valor de wildhaber
(inventor do método)

Para medição de roscas: Especialmente construído para medir roscas triangulares, este micrômetro possui as hastes furadas para que se possa encaixar as pontas intercambiáveis, conforme o passo para o tipo da rosca a medir.

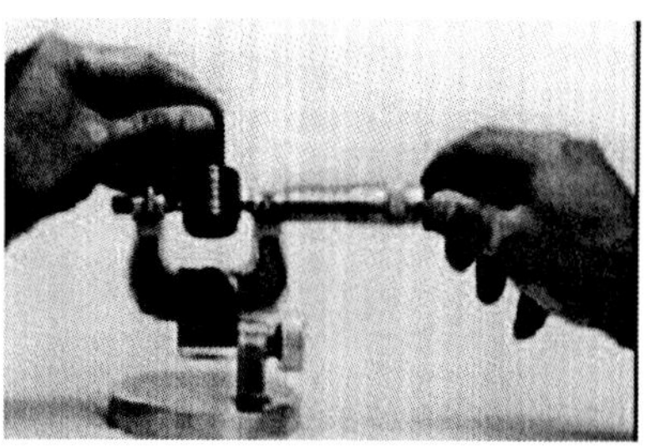

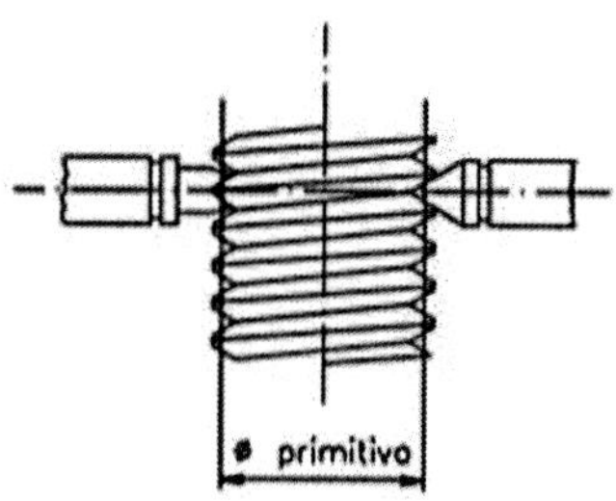

<u>Com contato em forma de V:</u> É especialmente construído para medição de ferramentas de corte que possuem número ímpar de cortes (fresas de topo, macho, alargadores etc.). Os ângulos em V dos micrômetros para medição de ferramentas de 3 cortes é de 60º; 5 cortes, 108º e 7 cortes, 128º34'17".

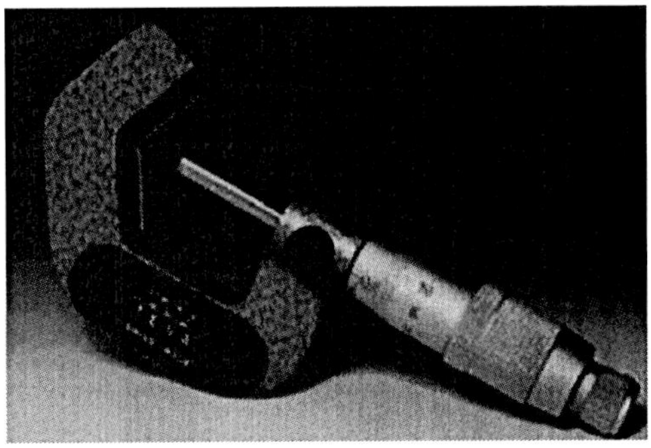

<u>Para medir parede de tubos:</u> Este micrômetro é dotado de arco especial e possui o contato a 90º com a haste móvel, o que permite a introdução do contato fixo no furo do tubo.

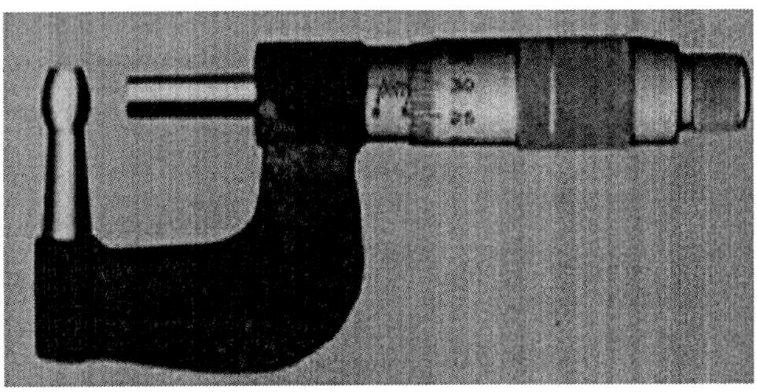

<u>Contador mecânico:</u> É para uso comum, porém sua leitura pode ser efetuada no tambor ou no contador mecânico. Facilita a leitura independentemente da posição de observação (erro de paralaxe).

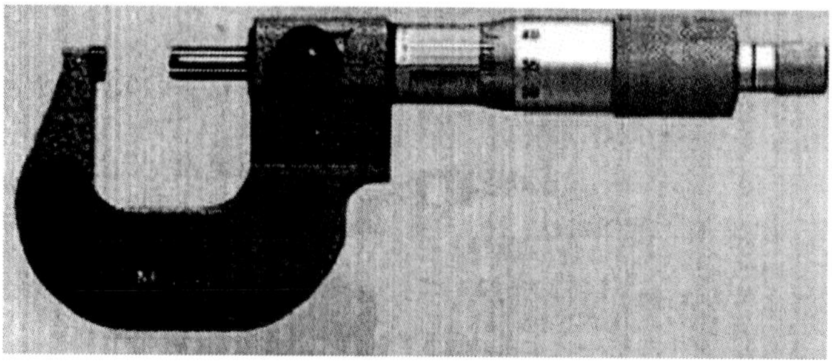

Digital eletrônico: Ideal para leitura rápida, livre de erros de paralaxe, próprio para uso em controle estatístico de processos, juntamente com microprocessadores.

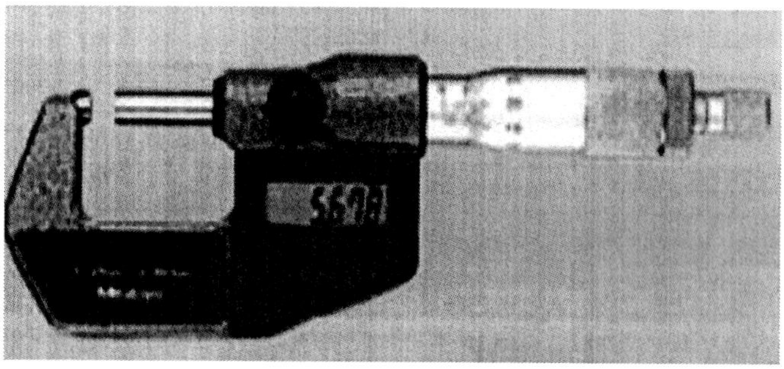

6.1.5 – Relógio Comparador:

O relógio comparador é um instrumento de medição de comprimento por comparação, no qual o deslocamento axial de uma haste móvel (percebida pela superfície de contato) é transmitido e amplificado por meio mecânico adequado para um ponteiro que gira na frente de uma escala analógica circular.

É um instrumento de medição por comparação, dotado de uma escala e um ponteiro, ligados por mecanismos diversos a uma ponta de contato.

O relógio comparador é um dos poucos instrumentos de medida analógicos que permitem a medição de grandezas lineares de forma direta (medindo diretamente a grandeza desejada) ou indireta (estabelecendo a diferença entre a grandeza desejada e outra conhecida).

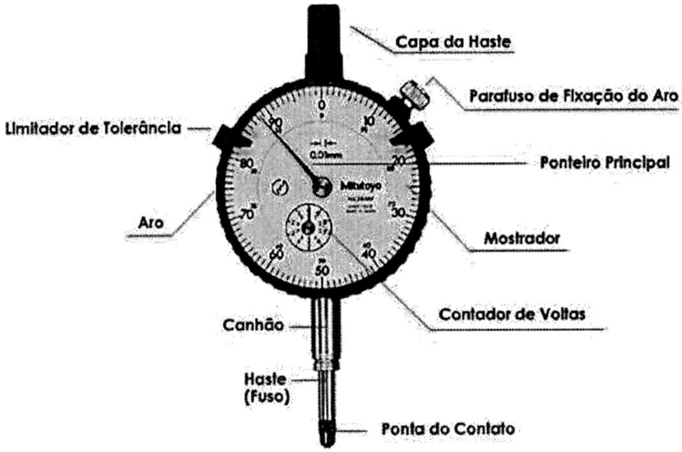

Este instrumento de medição opera afixado a dispositivos como bases, apoios, desempenos ou guias. Existem ainda os acessórios especiais que se adaptam aos relógios comparadores. Sua finalidade é possibilitar controle em série de peças, medições especiais de superfícies verticais, de profundidade, de espessuras de chapas, etc.

No Brasil, a norma ABNT NBR ISO 463:2013 especifica as mais importantes características metrológicas e de projeto de relógios comparadores mecânicos (analógicos).

Quando a ponta de contato sofre uma pressão e o ponteiro gira em sentido horário, a diferença é positiva.

Isso significa que a peça apresenta maior dimensão que a estabelecida.

Se o ponteiro girar em sentido anti-horário, a diferença será negativa, ou seja, a peça apresenta menor dimensão que a estabelecida.

Antes de medir uma peça, devemos nos certificar de que o relógio se encontra em boas condições de uso.

A verificação de possíveis erros é feita da seguinte maneira: com o auxílio de um suporte de relógio, tomam-se as diversas medidas nos blocos-padrão.

Em seguida, deve-se observar se as medidas obtidas no relógio correspondem as dos blocos.

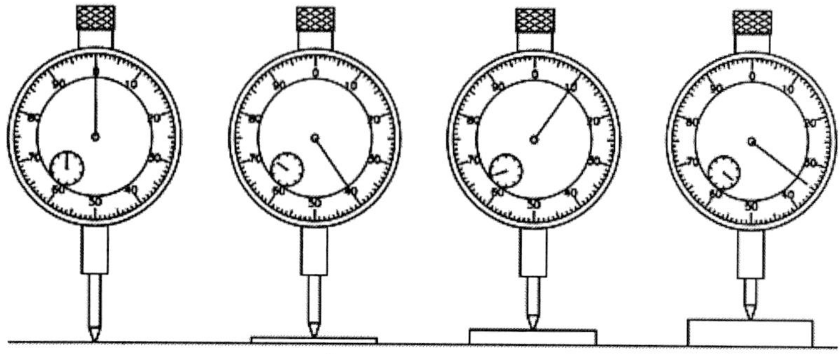

Colocar o relógio sempre numa posição perpendicular em relação à peça, para não incorrer em erros de medição.

Fixação do relógio comparador

Há dezenas de modelos de relógios comparadores em uso na indústria metalmecânica, todos têm em comum locais apropriados para os fixar a dispositivos ou acessórios adequados.

Geralmente, os relógios comparadores não são instrumentos de medição manuais, exceto quando associados a dispositivos manuais adequados.

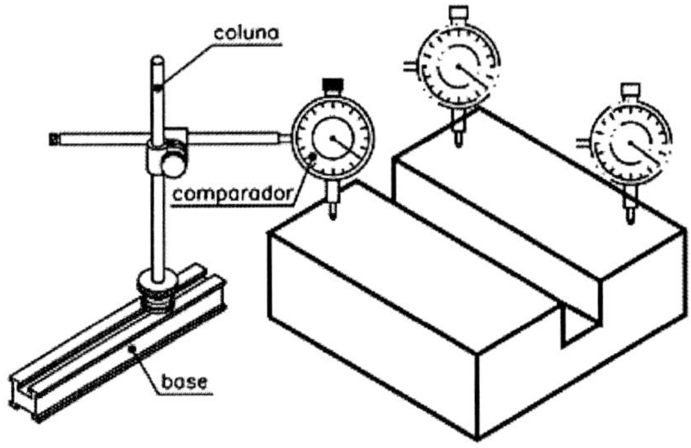

verificação do paralelismo

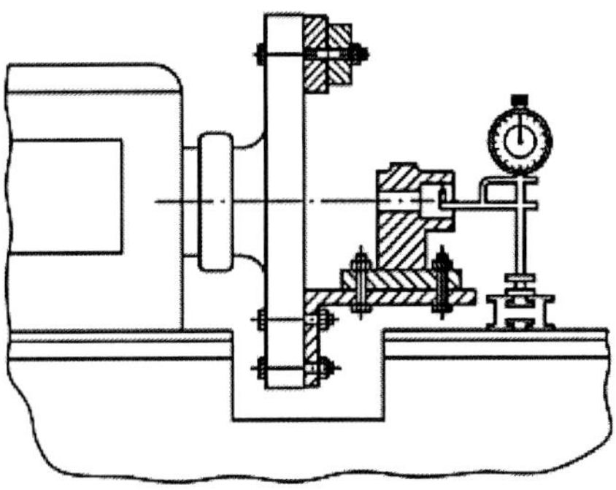

verificação de excentricidade de peça montada na placa do torno

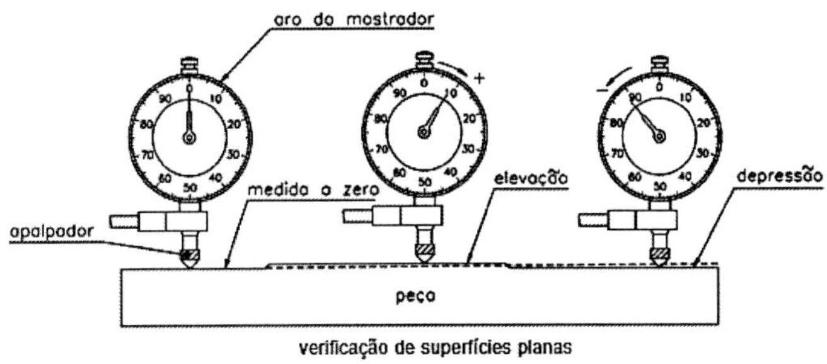

verificação de superfícies planas

Aplicando a pré-carga

Quando o relógio comparador está 'fora de uso' uma mola empurra sua haste móvel e a superfície de contato até o final do curso, para se tomar a medida adequadamente é necessário encostar a superfície de contato na superfície que se deseja medir, ou na de controle, e 'empurrar' o relógio, de modo a dar uma carga na mola e espaço para a haste móvel ir e voltar, sem correr o risco da superfície de contato se afastar da superfície ou a haste móvel 'bater' no fim-de-curso, forçando o instrumento contra o dispositivo de fixação.

Zerando o relógio comparador

A aplicação da pré-carga faz o ponteiro do relógio comparador girar. Alguns acessórios de fixação possuem dispositivos que permitem um ajuste fino, levando o ponto zero da escala até onde se encontra o ponteiro, contudo, os relógios comparadores são dotados de um anel externo que permite girar o mostrador para alinhar o zero do mostrador com o ponteiro principal. Para isto deve-se soltar o parafuso de fixação do anel externo.

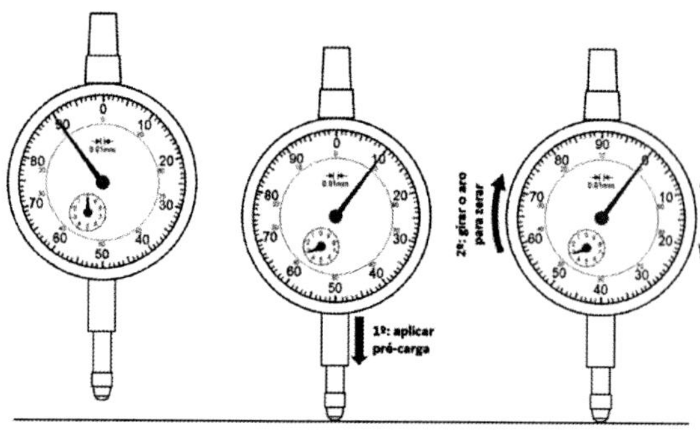

Medição direta

Medição direta é quando o valor da grandeza desejado (mensurando) é lido diretamente no dispositivo mostrador do instrumento de medição. Por exemplo, quando determinamos uma dimensão linear com um paquímetro.

A leitura que obtemos na escala e no nônio, desconsiderando os erros, é a medida efetiva do objeto que está sendo submetido à medição.

Utiliza-se o relógio comparador nesta modalidade de medição em conjunto com desempenos e/ou suportes para medir a espessura de chapas, por exemplo, dentre outras medidas relativamente pequenas.

Submete-se o instrumento a uma pré-carga, ajusta-se o zero (girando o mostrador), em seguida a haste móvel deve ser movida manualmente dando espaço para colocar o objeto a ser medido no eixo do instrumento. Feito isso, a haste móvel deve então retornar até entrar em contato com a peça. A dimensão é lida diretamente no mostrador, pela posição relativa (deslocamento) do ponteiro principal e do contador de voltas.

Este passo a passo descreve os procedimentos para a leitura da Figura 1, observe que os ponteiros giram em sentidos contrários, sendo que o ponteiro principal se desloca no sentido horário.

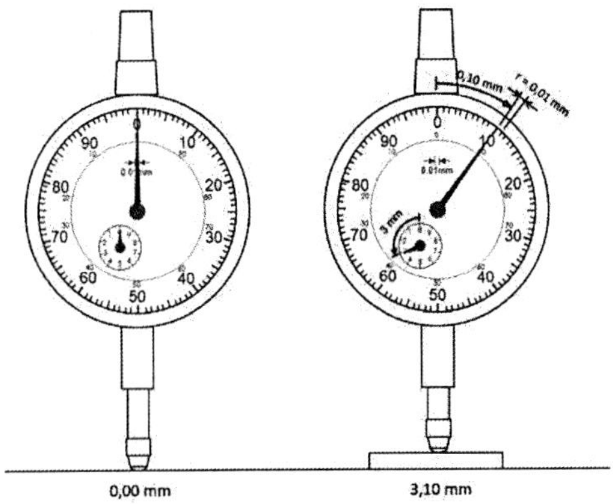

- ✓ O instrumento deve ser fixado em um suporte que trabalha em conjunto com um desempeno;
- ✓ Encostar a superfície de contato no desempeno e aplicar a pré-carga;
- ✓ Girar o mostrador até o traço com o zero (0) fique alinhado com o ponteiro;
- ✓ Ler a condição inicial dos ponteiros, comparando com o mostrador;
- ✓ Cuidadosamente, levantar a haste móvel até que haja espaço para a entrada do objeto da medição;

- ✓ Com o mesmo cuidado retornar a haste móvel (propelido por uma mola) até que ele toque no objeto da medição;

- ✓ Ler o ponteiro do contador de voltas (mostrador pequeno), subtraindo o número de traços da escala que ele varreu:

$$3 - 0 = 3 \text{ mm}$$

- ✓ Observe que o ponteiro estava perfeitamente alinhado com o zero no início e depois passou a linha três. Isto significa que há uma parte centesimal a ser apreciada;

- ✓ Ler o ponteiro principal para determinar os centésimos;

- ✓ Ele varreu dez traços da escala (0,01 mm cada), parando exatamente sobre o traço identificado como 10, que equivale a 0,10 mm, assim:

$$10 \times 0{,}1 \text{ mm} = 0{,}10 \text{ mm}$$

Somar os resultados:

$$3 \text{ mm} + 0{,}10 \text{ mm} = 3{,}10 \text{ mm}$$

Este valor é a dimensão do objeto que está sendo medido.

Medição indireta

Uma possibilidade de utilização do relógio comparador é calcular a diferença entre a dimensão de um padrão e a do mensurando.

Dimensão da peça = Dimensão do padrão +/- Valor lido no instrumento

O instrumento deve ser zerado com um padrão cuja dimensão seja conhecida, e então é estabelecida a diferença entre a dimensão do padrão e a do objeto que está sendo submetido à medição.

Este passo a passo descreve os procedimentos para a leitura em um relógio comparador, observe que os ponteiros giram em sentidos contrários, e dessa vez o ponteiro principal se desloca no sentido anti-horário, pois o comprimento do bloco-padrão (referência) é maior do que o comprimento a ser medido.

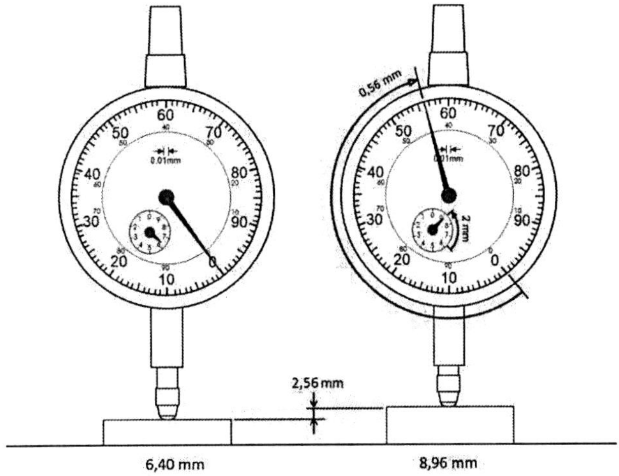

Não esquecer que para leituras indiretas:

Dimensão da peça = Dimensão do padrão +/- Valor lido no instrumento

- ✓ O instrumento deve ser afixado em um suporte que trabalha em conjunto com um desempeno;
- ✓ Encostar a superfície de contato no bloco-padrão e aplicar a pré-carga;
- ✓ Girar o mostrador até o traço com o zero (0) fique alinhado com o ponteiro;
- ✓ Ler a condição inicial dos ponteiros;
- ✓ Cuidadosamente, levantar a haste móvel, retirar o padrão e coloque o objeto da medição;
- ✓ Com o mesmo cuidado retornar a haste móvel até que toque o objeto da medição;
- ✓ Ler o ponteiro do contador de voltas e subtrair o número de espaços entre os traços que ele varreu;

$$8 - 6 = 2 \text{ mm}$$

(o ponteiro se movimentou no sentido contrário ao da contagem)

- ✓ Ler o ponteiro principal para determinar os centésimos;
- ✓ O ponteiro principal varreu 56 traços quando saiu do zero, assim:

56 x 0,01 mm = 0,56 mm

Observe que ele varreu os décimos no sentido contrário ao da contagem, contudo, o ponteiro não chegou a 70 centésimos, faltou um centésimo.

Somar os resultados:

2 mm + 0,56 mm = 2,56 mm

Somar este resultado com o valor da dimensão do padrão.

6,4 mm + 2,56 mm = 8,96 mm

Conservação do Relógio Comparador:

- ✓ Descer suavemente a ponta de contato sobre a peça;
- ✓ Levantar um pouco a ponta de contato ao retirar a peça;
- ✓ Evitar choques, arranhões e sujeira;
- ✓ Manter o relógio guardado no seu estojo;
- ✓ Os relógios devem ser lubrificados internamente nos mancais das engrenagens.

6.1.6 –Goniômetro

É um instrumento de medição ou de verificação de medidas angulares.

Sua menor medida é de 1º.

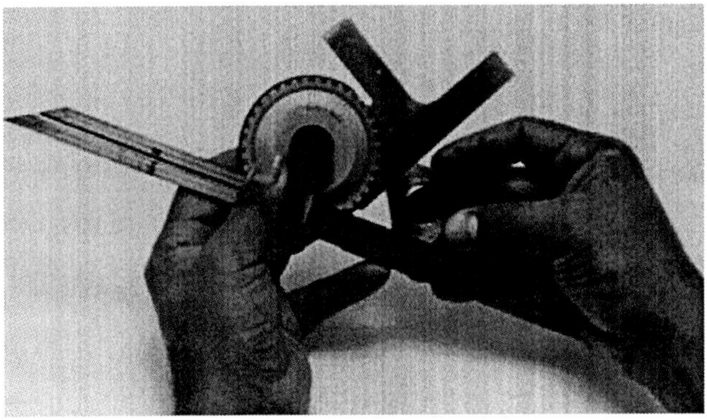

Um goniômetro é um instrumento que mede um ângulo ou permite que um objeto seja girado para uma posição angular precisa. O termo goniometria é derivado de duas palavras gregas, gônia, que significa ângulo e metron, que significa medida.

A primeira descrição de um goniômetro, derivado do astrolábio, aparentemente foi em 1538, por Gemma Frisius.

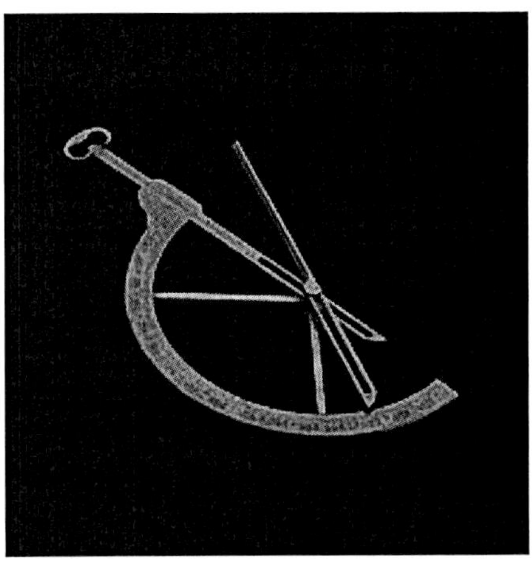

Leitura do Goniômetro:

Os graus inteiros são lidos na graduação do disco, com o traço zero do nônio. Na escala fixa, a leitura pode ser feita tanto no sentido horário quanto no sentido anti-horário.

A leitura dos minutos, por sua vez, é realizada a partir do zero nônio, seguindo a mesma direção da leitura dos graus.

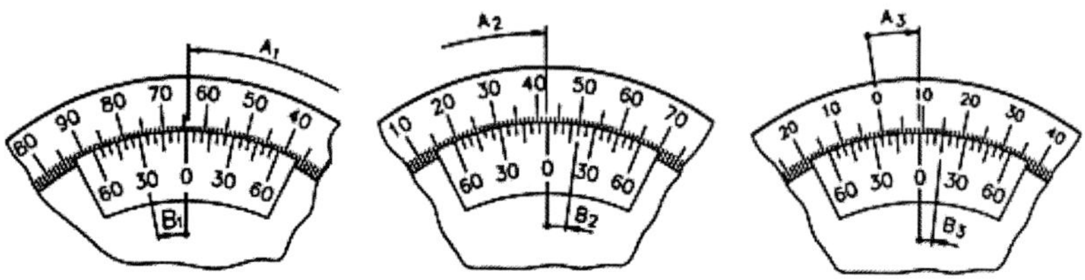

Assim, nas figuras acima, as medidas são, respectivamente:

$A_1 = 64^o$	$B_1 = 30'$	leitura completa $64^o30'$
$A_2 = 42^o$	$B_2 = 20'$	leitura completa $42^o20'$
$A_3 = 9^o$	$B_3 = 15'$	leitura completa $9^o15'$

Basicamente existem dois tipos de Goniômetros:

Goniômetro Padrão*:*

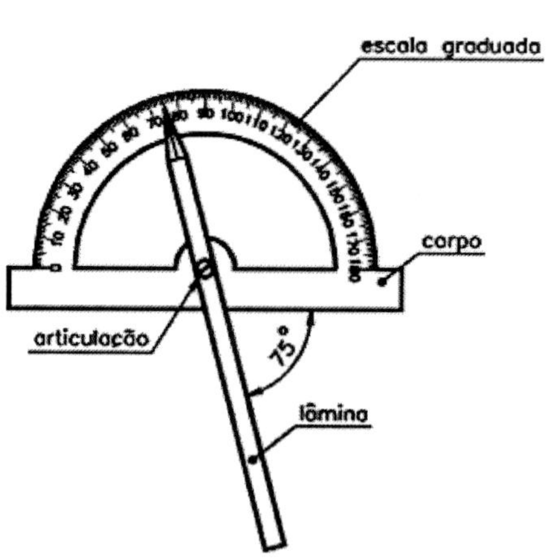

Goniômetro de Precisão:

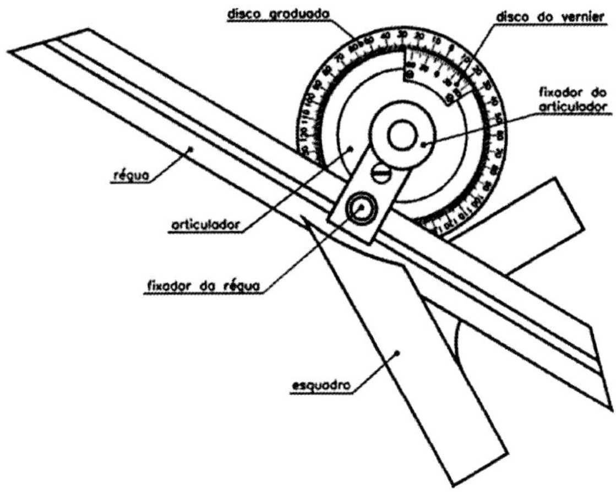

Conservação do Goniômetro:

- ✓ Evitar quedas e contato com ferramentas de oficina;
- ✓ *Guardar o instrumento em local apropriado, sem expô-lo ao pó ou à umidade.*

6.1.7 –Calibres

O **Calibre** é uma ferramenta para aferição de volume, tamanho e dimensão. Existem de vários tipos no mercado, como calibre de folga, calibre de furo, calibre de fieiras para chapa, calibre para solda, calibre para ângulos, calibre de rosca, e calibre de raio para diferentes aplicações.

Calibradores são instrumentos que estabelecem os limites máximo e mínimo das dimensões que desejamos comparar. Podem ter formatos especiais, dependendo das aplicações.

Tipos de Calibradores:

Calibradores de Rosca: São peças de aço, temperadas e retificadas, obedecendo a dimensões e condições de execução para cada tipo de rosca.

O princípio de medição é por comparação onde encontramos a rosca certa para a peça certa e tentamos encaixar.

A lâmina correta é aquela que se encaixa perfeitamente não deixando passar nem um feixe de luz entre os pontos de intersecção.

Calibrador de Raio: Serve para verificar raios internos e externos. Em cada lâmina é estampada a medida do raio.

Calibrador de Ângulos: Usa-se para verificar superfícies em ângulos. Em cada lâmina vem gravado o ângulo, que varia de 1º a 45º.

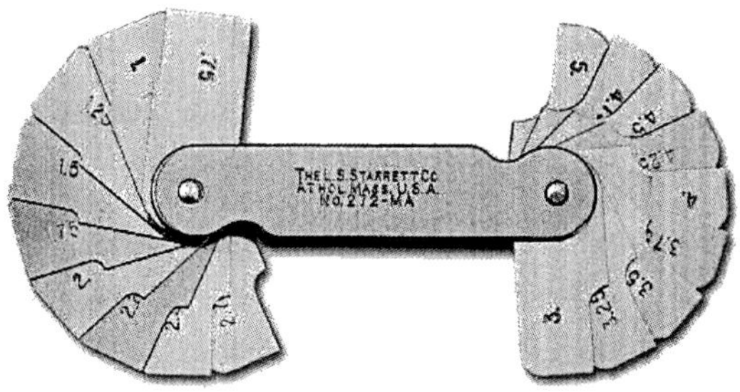

Calibrador de Folga: É confeccionado de lâminas de aço temperado, rigorosamente calibradas em diversas espessuras.

O segredo para a utilização deste calibre é a habilidade e a sensibilidade para perceber o ponto crucial da intersecção e da resistência entre a ferramenta e os componentes.

No livro Descomplicando a Metrologia na Manutenção Industrial Volume 2, iremos exemplificar todas as leituras e manuseio correto dos calibres, bem como outros instrumentos de medições os quais fazem parte do universo da manutenção Industrial.

Aguardem...

7 – Métodos de Medição

Método de medição é a descrição genérica de uma organização lógica de operações utilizadas na realização de uma medição. Para conhecermos o valor de uma dada grandeza, é obviamente necessário proceder a um determinado conjunto de operações. À sequência lógica destas operações dá-se o nome de método de medição.

Quando são feitas medições para determinar os valores de uma variável física, diferentes métodos de medição são empregados. As medições são realizadas para determinar a magnitude do valor e a unidade da quantidade em consideração.

Por exemplo, o comprimento de uma haste é de 3 m, onde o número 3 indica a magnitude e a unidade de medida é o metro. A escolha do método de medição depende da exatidão necessária e da quantidade de erro permitido.

Independentemente do método utilizado, o objetivo principal é minimizar a incerteza associada à medição. Os métodos empregados mais comuns para fazer medições são descritos a seguir.

Método de medição direto

O método de medição direto é o método em que o valor de um mensurando é obtido diretamente por meio da comparação da quantidade a ser medida com um padrão de referência, sem a necessidade de cálculos suplementares.

Considera-se que o valor do mensurando é obtido diretamente mesmo quando a escala de um instrumento de medição tem valores que são ligados aos valores correspondentes do mensurando por meio de uma tabela ou gráfico.

O método de medição permanece direto, mesmo que seja necessário fazer medições suplementares para determinar os valores das grandezas de influência, a fim de fazer as correções.

Exemplos:

- ✓ Medição de um comprimento utilizando uma régua graduada, trena, paquímetro ou micrômetro;

- ✓ Medição da pressão em um cilindro utilizando um manômetro;
- ✓ Utilização de um Wattímetro para a medição de potência;
- ✓ Utilização de um velocímetro para a medição de velocidade.

Método de medição indireto

É o método de medição em que o valor de uma quantidade é obtido a partir de medições feitas por métodos diretos de medição de outras quantidades ligadas ao mensurando por uma relação conhecida, e então o valor é determinado usando um relacionamento matemático.

Exemplos de medições indiretas:

- ✓ Medição da pressão em cilindro, a partir da leitura da força aplicada pelo êmbolo e do conhecimento prévio da área onde a força está sendo aplicada;
- ✓ Medição de potência através da medição de tensão e corrente elétrica;
- ✓ Medição de velocidade através da medição da distância percorrida e do tempo gasto para percorrê-la;
- ✓ Medição de ângulo usando barra senoidal;
- ✓ Medição de tensão induzida em uma barra devido à força aplicada;
- ✓ Determinação do diâmetro efetivo de uma rosca, etc.

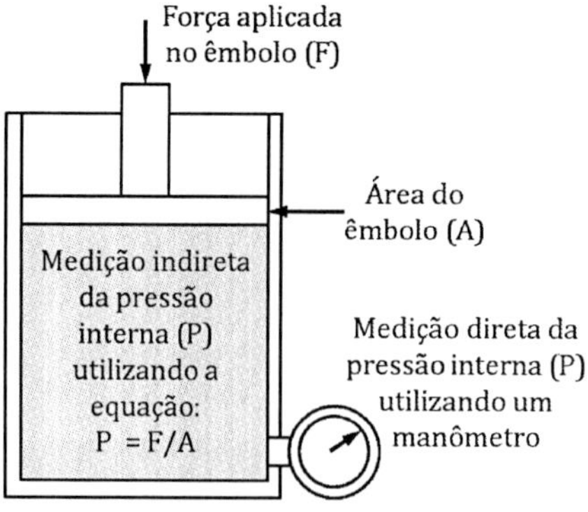

Exemplo de medição direta e indireta da pressão em um cilindro.

Método fundamental ou absoluto

Nesse caso, a medição é baseada nas medidas das quantidades bases usadas para definir a quantidade. A quantidade em consideração é medida diretamente e, em seguida, é vinculada à definição dessa quantidade.

Método de medição por comparação

Nesse método, o mensurando é comparado com um valor conhecido da mesma quantidade ou de qualquer outra quantidade relacionada à ela. A quantidade é comparada e apenas os desvios do padrão de medição são registrados após a comparação.

Exemplos:

- ✓ Comparadores de massa;
- ✓ Relógios comparadores.

Método de medição por transposição

Este método envolve fazer a medição por comparação direta, em que a quantidade a ser medida (V) é inicialmente equilibrada por um valor conhecido (X) da mesma quantidade; Em seguida, X é substituído pela quantidade a ser medida e balanceada novamente por outro valor conhecido (Y). Se a quantidade a ser medida for igual a X e Y, será igual a:

Exemplos:

- ✓ Determinação da massa por meio de uma balança de braços com uso de massas conhecidas;
- ✓ Medição de resistências usando o método de comparação de correntes.

Método de medição diferencial

Método de medição por comparação, baseado na comparação do mensurando com uma quantidade do mesmo tipo tendo um valor conhecido apenas ligeiramente diferente do mensurando, e medindo a diferença algébrica entre os valores dessas duas grandezas.

Exemplo:

- ✓ Calibrar um bloco-padrão com recurso de um comparador, o qual foi levado à posição zero medindo outro bloco-padrão de valor conhecido (referência), sendo este valor muito semelhante ao do bloco em calibração. O valor medido corresponde à diferença entre os dois blocos. Daí o nome de medição diferencial. Notar a necessidade de uma boa superfície de apoio ou sistema que meça as superfícies opostas em simultâneo. No caso dos blocos-padrão há uma superfície porque os blocos são medidos com dois apalpadores, um superior e outro inferior.

Método de coincidência

Este é um método diferencial de medição, em que uma diferença muito pequena entre a quantidade a ser medida e a referência é determinada pela observação cuidadosa da coincidência de certas linhas e sinais.

Exemplo:

- ✓ Medições com paquímetro e micrômetro.

Método de deflexão

Este método envolve a indicação do valor da quantidade a ser medida diretamente pela deflexão de um ponteiro em uma escala calibrada.

- ✓ Medição de pressão com um manômetro.

Método complementar

O valor da quantidade a ser medida é combinado com um valor conhecido da mesma quantidade. A combinação é tão ajustada que a soma desses dois valores é igual ao valor de comparação predeterminado.

Exemplo:

- ✓ Determinação do volume de um sólido por deslocamento de líquido.

Método de medição nula ou "de zero"

Neste método, a diferença entre o valor da quantidade a ser medida e o valor conhecido da mesma quantidade com a qual a comparação deve ser feita é reduzida a zero.

Exemplos:

- ✓ Medição de tensões usando o potenciômetro, variando o valor de um ou dois reostatos, até se atingir o equilíbrio, situação em que se determina a tensão;
- ✓ Medição de resistências usando a Ponte de Wheatstone, onde varia-se uma ou mais resistências até se atingir o equilíbrio, situação em que se determina a resistência;
- ✓ Balanças de dois pratos, onde adicionam-se ou retiram-se pesos, até se atingir a situação de equilíbrio, situação em que se determina o peso do produto.

Método de substituição

É um método de comparação direta. Este método envolve a substituição do valor da quantidade a ser medida por um valor conhecido da mesma quantidade, de modo que os efeitos produzidos no dispositivo indicador por esses dois valores sejam os mesmos.

Exemplo:

- ✓ Determinação da massa de um objeto pelo método de Borda.

Método de contato

Nesse método, a superfície a ser medida é tocada pelo sensor ou pela superfície de medição do instrumento. É necessário tomar cuidado para fornecer pressão de contato constante, a fim de evitar erros devido ao excesso de pressão.

Exemplos:

- ✓ Medições usando paquímetros, micrômetro e relógio comparador.

Método sem contato

Como o nome indica, não há contato direto com a superfície a ser medida.

Exemplos:

- ✓ Uso de instrumentos ópticos, microscópio de medição e projetor de perfil.

Método composto

O contorno real de um componente a ser verificado é comparado com seus limites máximo e mínimo de tolerância. Erros cumulativos dos elementos interconectados do componente, que são controlados através de uma tolerância combinada, podem ser verificados por esse método. Esse método é muito confiável para garantir a intercambiabilidade e geralmente é efetuado através do uso de calibradores passa/não passa.

Exemplos:

- ✓ O uso de um calibrador passa/não passa para verificar a rosca de uma porca.

Método de medição por batimento

Método diferencial de medição que utiliza o fenômeno de batimento entre as duas frequências relacionadas a duas grandezas comparadas, sendo uma delas o mensurando e a outra a quantidade de referência.

Método de medição por ressonância

Um método de comparação de medição no qual uma relação conhecida entre os valores comparados de uma quantidade se estabelece por meio da realização de uma condição da ressonância ou perto da ressonância.

Nota do Autor

A Metrologia é a ciência da Medição que abrange todos os aspectos técnicos e práticos relativos às medições, qualquer que seja a incerteza e em todos os campos da ciência e da tecnologia.

A Medição são os conjuntos de operações que têm por objetivo determinar um valor de uma grandeza.

Na manutenção industrial a metrologia e ou a medição se faz presente o tempo todo. Diante da necessidade de fabricar, montar, instalar, reparar, recuperar, ajustar, calibrar, parametrizar, entre outras atividades, as medidas se fazem necessárias para garantir o perfeito funcionamento de qualquer ativo e ou elemento de máquina diante de sua respectiva função requerida.

Para o profissional de manutenção industrial, é imprescindível que o mesmo saiba manusear e interpretar os instrumentos de medições para extrair as medidas e ou valores corretos durante a realização de suas atividades quer sejam elas de natureza de ajustagem e ou de comparações durante uma inspeção.

As medidas corretas garantem um desempenho eficaz para o sistema operacional proposto, originando assim uma vida útil maior para o ativo, aumentando sua disponibilidade operacional com confiabilidade, garantindo a continuidade operacional de todo o ciclo da cadeia produtiva e minimizando os custos de manutenção.

Infelizmente ainda é comum nos dias atuais encontrar equipes de manutenção com dificuldades de interpretação dos instrumentos de medição e ou manuseando de formas incorretas, levando a uma leitura equivocada, a qual pode vir a gerar ajustes incorretos ou montagens deficientes, já comprometendo o desempenho tanto do elemento de máquina quanto do ativo como um todo.

Um plano de treinamento frequente de toda a equipe de manutenção é a melhor forma de a organização conseguir manter a eficácia de seus colaboradores de manutenção, estando sempre aprimorando suas habilidades e seus conhecimentos, bem como buscando novas técnicas de leitura e interpretação dos instrumentos de medições os quais se fazem necessários no desenvolvimento de suas atividades e competências técnicas.

Medir é uma arte, que se utiliza conhecimentos e técnicas apuradas para facilitar o entendimento e a agilidade dos profissionais diante de uma execução correta e precisa, ou seja, é a única forma de conseguir uma medida precisa, na tolerância exata.

Considerações Finais

Tendo em vista o resultado de todo conhecimento obtido nessa obra, nos remete a interpretação da palavra metrologia, vem do grego "metron" medida, e "logos" ciência, de maneira resumida significa o estudo da medida. Sendo assim, se faz essencial o entendimento do grau de importância da metrologia para alcançar os mais altos padrões de confiabilidade em medições em seu devido campo de aplicação.

Adotando as boas práticas de manutenção, com ênfase nos processos mecânicos se torna possível à aplicabilidade dos conhecimentos transmitidos pelo autor, uma vez que sua linguagem traz de forma simplificada os principais detalhes e instrução para se alcançar a padronização de execução dos processos de medição.

Durante o estudo foi possível realizar vários comparativos de escalas e suas grandezas, além da maneira correta para utilização dos aparelhos de medição e sua devida conferência de "cotas", encontrando assim seu parâmetro operacional e de referência, obtendo a tão eficiência operacional, ressalto que essa é a parte mais importante de todo aprendizado, pois onde a teoria se encontra com a prática.

Saber manusear os instrumentos de maneira correta bem como sua devida interpretação irá garantir a extração das medidas corretas, a não proficuidade dos conhecimentos adquiridos nesse livro impossibilita a eficiência e o fluxo do processo de medição, criando "falsos positivos" padrões em escalas que não atendem as especificações de projetos, além de retrabalhos e custos desnecessários a cadeia produtiva.

Daniel Henrique Borba
Engenheiro Mecânico
Coordenador de Aplicações Rolsul Rolamentos

Fontes de Informações

- *CICMAC- Centro Integrado de Capacitação em Metrologia e Avaliação da Conformidade.*
- *Focus Metrologia – www.focusmetrologia.com*
- *http://professorbrunoleite.blogspot.c...*
- *https://www.facebook.com/paginaprofes*
- *Apostila do Senai.*

Sobre o Autor

Edson Gonçalves, 48 anos, nascido no dia 11/04/1974, na cidade de Coronel Fabriciano em Minas Gerais, filho de Otil Gonçalves Neto e Maria Vieira Gonçalves, é o quinto filho de uma família de7 irmãos, casado desde o ano 2000 com Neide Oliveira Gonçalves Guerra, pai de 2 filhas, Sabrina e Emanuelle, está sempre presente, não abre mão do convívio familiar onde encontra tranquilidade e equilíbrio para equalizar as pressões do trabalho e o aconchego da vida em família.

Filho de família de classe baixa, os pais sem formação escolar, estudou em escolas públicas, sempre obteve médias significativas, as quais o propiciou a nunca ter sido reprovado.

Teve sonhos de criança, começou pelo futebol, onde algumas tentativas de se profissionalizar no mundo mágico do esporte não foram muito bem-sucedidas com relação o lado financeiro, porém educacional e culturalmente pôde ser orientado de forma correta, o que o manteve longe da bebida e das drogas ilícitas, práticas estas que são cultivadas até os dias de hoje.

Teve uma infância feliz com muita agitação e liberdade para realizar todas as peripécias de uma criança em fase de crescimento.

Técnico em Mecânica, formado no ano de 1992 na Escola Técnica vale do Aço, iniciou por diversas vezes o curso superior sem muito sucesso devido à dedicação às funções do trabalho, com diversos cursos de aperfeiçoamento, inclusive no exterior, iniciou sua carreira profissional como estagiário de uma cimenteira na cidade de Santana do paraíso em Minas Gerais.

Após seu estágio foi mecânico de manutenção de algumas prestadoras de serviços (Ebec e Sankyu) nas dependências de uma usina siderúrgica na cidade de Ipatinga MG, onde foi efetivado como Inspetor de Manutenção pela USIMINAS (Usinas Siderúrgicas de Minas Gerais), trabalhou por alguns anos exercendo a função, até sua transferência para a concorrente CSN (Companhia Siderúrgica Nacional) na cidade de Araucária PR.

Cumpriu mais um ciclo durante alguns anos, também exercendo a função de supervisão de manutenção e inspeção, onde pode desenvolver diversas habilidades técnicas as quais lhe deu a condição de evoluir suas práticas e conhecimentos voltados para a inspeção de manutenção industrial.

Transferiu-se para uma empresa do ramo Petroquímico (Arauco do Brasil) onde trabalhou por mais 2 anos exercendo as funções de gestão de manutenção e aplicando seus conhecimentos para atingir os resultados esperados pela organização.

Formado atualmente em Engenharia Mecânica, e nos dias de hoje continua exercendo as funções de Gestor e Empresário, onde é um dos sócios da empresa de Consultoria, Acessoria e execução de manutenção em geral em todos os segmentos industriais em prol do desenvolvimento de novas técnicas de manutenção e de inspeção sensitiva, voltada para a evolução da manutenção industrial, procurando sempre cumprir suas metas e atender todas as expectativas das organizações as quais necessitam de seus serviços.

Especializou-se em treinamentos técnicos, onde ministra vários treinamentos desde a prática de execução, até a gestão de liderança e comportamental para organizações que necessitam de reestruturar seu efetivo técnico. Tornou-se especialista em Gerenciamento de Manutenção Industrial e realiza consultorias e assessorias em diversas empresas dentro e fora do Brasil aplicando as técnicas de acordo com as normas vigentes e as melhores práticas mundiais.

Vida Profissional

Especialista em Manutenção Industrial, com diversos cursos de aperfeiçoamento, inclusive no exterior, com sólida atuação em empresas e indústrias de grande porte, desenvolvendo atividades na área da manutenção e produção.

Área de atuação: Técnica – Manutenção – Engenharia

Experiências Internacionais

- ✓ Japão.
- ✓ Estados Unidos.
- ✓ Alemanha.
- ✓ Holanda.
- ✓ Argentina.

✓ *Chille.*

Experiências Profissionais

Empresa	Cargo	Período
-Cimento Caue S.A	Técnico em Mecânica	1 ano
-Sankyu S.A	Mecânico Ajustador	1 ano
-Carvalho Mont. Ind.	Mecânico Ajustador	1 ano
-Usiminas – Usinas Sid. MG	Supervisor de Inspeção	6 anos
-CSN – Comp. Sid. Nacional	Supervisor de Manutenção	9 anos
-Arauco do Brasil	Supervisor de Manutenção	2 anos
-Optimus	Gestor	Atual.

Descrição das Principais Atividades Desempenhadas

Participação nos projetos de implementação de novas unidades de produção.

Gerenciamento das equipes de montagens, alinhamentos, ajustes, lubrificação e testes do start-up das linhas de produção de Laminação a Frio.

Desenvolvimento e aplicação de novas sistemáticas de manutenção das unidades de produção, otimizando os recursos, minimizando as necessidades de intervenção e consequentemente reduzindo custos de mão de obra e materiais sobressalentes na proporção de 12% ao ano.

Desenvolvimento e reformulação de todo sistema hidrostático de lubrificação e refrigeração dos mancais e rolamentos dos cilindros de laminação, aumentando sua vida útil em aproximadamente 60%.

Redimensionamento de componentes e equipamentos aumentando o volume de produção em 15%, garantindo sua disponibilidade e confiabilidade.

Participação do grupo de voluntários, desenvolvendo dentro da empresa a cultura de segurança com o objetivo de atingir o índice zero de acidentes.

Coordenar e supervisionar equipe de inspeção técnica para avaliação das condições de funcionamento dos equipamentos.

Coordenar e supervisionar elaboração de programação das atividades para encaminhamento dos equipamentos para manutenções, preventivas, preditivas e corretivas.

Desenvolvimento e implantação de condições de manutenabilidade dos equipamentos.

Implantação do programa de vazamento zero.

Elaboração de treinamentos para os colaboradores recém-admitidos.

Supervisionar e acompanhar as atividades de caldeiraria.

Supervisionar e acompanhar as atividades de usinagem e retífica.

Implementação do sistema de gerenciamento de manutenção.

Elaboração de procedimentos de manutenção.

Elaboração de sistemáticas de planos de manutenção, inspeção e lubrificação.

Especificação técnica dos componentes e elementos de máquinas dos equipamentos.

Implantação da sistemática TPM, RCM e MOC.

Aplicação de Brainstorm e Bentchmarkim.

Implantação e Aplicação dos métodos de avaliação e análises de falhas.

Elaboração de orçamento anual.

Implantação de gestão de manutenção à vista.

Elaboração de visão, missão e objetivos da manutenção.

Desenvolvimento de sistemática de manutenção em função de normas técnicas para equipamentos dedicados.

Gerenciamento de contratos de terceiros.

Desenvolvimento e avaliação de novos fornecedores e prestadores de serviços.

Elaboração de indicadores da manutenção.

Contatos com fornecedores para desenvolvimento de sobressalentes e ou readequação de equipamentos e componentes.

Visitas técnicas a fornecedores e fabricantes para avaliação e inspeção dos equipamentos.

Acompanhamento e supervisão das execuções das atividades programadas e emergenciais.

Desenvolvimento de manuais descritivos técnicos para equalizar as informações junto aos fornecedores, analisando as normas cabíveis para cada aplicação.

Prestação de serviços de consultoria e assessoria à manutenção, das organizações nacionais e internacionais.

Palestrante de estratégias e ferramentas estratégias de manutenção.

Instrutor de treinamentos técnicos e práticos referente aos elementos de máquinas e diretrizes de manutenção.

Habilidades Pessoais

- Tranquilidade, Curiosidade, Atenção.
- Facilidade de Relacionamento Interpessoal.
- Busca por aprendizado, Desenvolvimento e Resultados.
- Disciplina, Liderança Situacional.

Cursos de Aperfeiçoamentos

Inspetor de Soldagem Nível 1, Inspetor de LP.

Desenho Mecânico, Metrologia, Alinhamento de Máquinas, Maçarico de Corte.

Hidráulica, Esquemas hidráulicos, Sistemas de Gerenciamento de Manutenção.

Solda, Freios, Vedações, Filtros, Lubrificantes e Lubrificação Classe Mundial.

Roscas, Cabos de Aço, Correias, Bombas, Correntes.

Manutenção Preditiva, Controle de Custos, PCOM, Sistema de Gestão Ambiental.

Especificações de Válvulas, Rolamentos, Mancais de Rolamentos.

Controle de Vapor e Ar Comprimido, Pneumática, Redutoras.

Inspetor de Equipamentos, RCM, MOC, Controle de Qualidade Total.

Chefia e Liderança, Garantindo a Primeira Impressão.

Assertividade e Desinibição, A Arte de Falar em Público.

Liderança Ocupacional, Técnicas de abordagem e linguagem corporal.

NR 11, NR 13, NR 18, NR 33, Manutenção Classe Mundial, Ms Project

OBS: Condecorado pela USIMINAS como Operário Destaque de Qualidade em virtude do comprometimento, esforços e resultados obtidos em busca da qualidade total.

Condecorado pela ASSOCOAÇÂO BRASILEIRA DE LIDERANÇA - BRASLIDER com o Prêmio EXCELÊNCIA E QUALIDADE BRASILBRASIL, MELHORES DO ANO na categoria PROFISSIONAL DO ANO em Consultoria Técnica Mecânica em 2014, 2015, 2016, 2017 e 2019.

Reconhecido como Especialista em Rolamentos Pela NSK-Maior fabricante de Rolamentos Japonês.

Contatos:
edinhoguerra@bol.com.br
edson@optimuscsi.com.br
41-99667-6914

Os Anjos...

Hoje não dá, Hoje não dá
Não sei mais o que dizer, E nem o que pensar
A maldade humana agora não tem nome

Hoje não dá
Pegue duas medidas de estupidez
Junte 34 partes de mentira
Coloque tudo numa forma, untada previamente
Com promessas não cumpridas

Adicione, a seguir O ódio e a inveja
As dez colheradas cheias de burrice
Mexa tudo e misture bem

E não se esqueça: antes de levar ao forno
Temperar com essência de espírito de porco
Duas xícaras de indiferença
E um tablete e meio de preguiça

Hoje não dá
Está um dia tão bonito lá fora
E eu quero brincar

Mas hoje não dá
Vou consertar a minha asa quebrada
E descansar

Gostaria de não saber, Estes crimes atrozes
É todo dia agora, E o que vamos fazer?
Quero voar pra bem longe
Mas hoje não dá
Não sei o que pensar
E nem o que dizer
Só nos sobrou do amor
A falta que ficou

Renato Russo

Realização

OPTIMUS

- **O**TIMIZAÇÕES
- **P**ROCESSOS
- **T**REINAMENTOS
- **I**NSPEÇÕES
- **M**ANUTENÇÕES
- **U**NIFICADAS
- **S**ISTEMÁTICAS

O que é a **OPTIMUS:**

Uma empresa voltada para Otimizações de Processos, Treinamentos, Inspeções e Manutenções Unificadas e Sistemáticas.

Nossa atualidade promove uma competitividade extrema, exigindo das Organizações um processo de melhoria contínua jamais visto, processo este que muitas vezes tem se tornado um ponto de interrogação em alguns estágios desta evolução sistemática da cadeia produtiva.

A complexidade desta sistemática se dá devido a necessidade da organização detectar o ponto primordial a ser tratado em sua cadeia produtiva, pois este é o grande desafio encontrado. Tendo conhecimento desta grande necessidade a **OPTIMUS** decidiu disponibilizar o tempo e conhecimento de seus profissionais, adquiridos ao longo de 20 anos de atuação em empresas multinacionais de grande porte, experiência esta nas áreas de otimização, processos, treinamentos, inspeções, manutenções, sistemática, produção, projetos, redução de custos, qualidade, segurança e meio ambiente, a fim de disponibilizar soluções industriais inteligentes aos seus clientes e parceiros.

Além de fornecer a solução para os problemas apresentados, a **OPTIMUS** promove também a execução de tais atividades e a capacitação dos profissionais envolvidos no desafio em questão.

A **OPTIMUS** oferece soluções inteligentes nas seguintes áreas:

• Execução e/ou Orientação de Implantação de Sistemática de Gestão da Manutenção

- Gestão do Negócio;
- Gestão de Habilidades Técnicas;
- Gestão de Programação;
- Gestão de Controle;
- Gestão de Custos;
- Gestão de Materiais;
- Gestão de Conteúdo Técnico;
- Gestão de Integração;
- Gestão de Confiabilidade;
- Gestão de Excelência;
- Gestão de Projeto;
- Gestão de Planejamento;
- Gestão de Execução;
- Gestão de Análise de Falha;
- Gestão de Ferramentas;
- Gestão de Contratos;
- Gestão de Desenvolvimento;
- Gestão de Processo;
- Gestão Financeira dos Ativos;

Consultoria em Manutenção e Cadeia Produtiva

- Avaliação e adequação da sistemática de manutenção existente;
- Revitalização da estrutura (Homem/Hora) utilizada pela corporação;
- Otimização de processo, avaliando desde o planejamento de manutenção, processo logístico interno, PPCP, produção e interferências na qualidade final;
- Execução e orientação de Benchmark e Brainstorm;
- Aplicação da sistemática de modelos mentais para tomada de decisões;
- Orientação para desenvolvimento de sistemática de gerenciamento de sistemática para Manutenção/Produção;

Treinamentos

- Liderança, promovendo uma visão sistêmica do setor e de toda organização;
- Inspeção sensitiva das máquinas e equipamentos;
- Metrologia aplicada;
- Elementos de máquinas;
- Ajustagem;
- Estratégias de Manutenção;
- Técnicas de abordagem comportamental;
- Orientação para ensaios não destrutivos;
- Análise de falha;
- Palestras para eventos de segurança, manutenção, produção, motivacionais e feiras;

Estudo e desenvolvimento de técnicas e métodos para otimizações dos processos e redução de custos

- Realização de estudo de tempos e métodos;
- Avaliação e adequação do layout fabril;
- Estudo e definição de itens e equipamentos críticos;
- Estudo e adequação dos estoques de insumos e sobressalentes;
- Otimização do processo;
- Estudo e implementação de novas ferramentas e metodologias.

Auditorias orientativas e avaliativas na sistemática de manutenção e Processo.

Execução de inspeção sensitiva e manutenção de máquinas e equipamentos industriais em geral.

Outros Projetos:

- ***Livros Técnicos:***

"Manual Básico para Inspetor de Manutenção Industrial". (publicado).
"Manutenção Industrial – Do Estratégico ao Operacional". (publicado).
"Manual Básico para Inspetor de Manutenção Industrial 2". (publicado).
"Manutenção Industrial Básica para Aprendizes Volume 1". (publicado).
"Os 5 Principais Elementos da Manutenção Industrial". (publicado).

"A melhor ferramenta é a SOLUÇÃO.
A melhor solução é a EXPERIÊNCIA.
A melhor experiência é a EXECUÇÃO.
A melhor execução é a OPTIMUS"...

OPTIMUS Soluções Inteligentes
R. Alcebíades Plaisant nº 1085 sala 404 Água Verde – Curitiba – PR CEP- 80620-270
www.optimuscsi.com.br
edson@optimuscsi.com.br
www.instagram.com/optimussolucoesinteligentes
41-3343-0029 / 41-99667-6914

SIM – 360°
Sistemática Integrada de Manutenção 360°

No cenário em que a Sustentabilidade e Rentabilidade estão na pauta das Organizações, a Manutenção é o ponto-chave na estratégia do negócio.

A manutenção moderna não existe pela simples necessidade de execução da manutenção dos ativos e sistemas, mas como vantagem Competitiva otimizando a performance, os riscos e os custos associados aos mesmos.

A determinação da política otimizada de manutenção, passa necessariamente pela análise da Confiabilidade, Mantenabilidade e Disponibilidade dos Ativos, buscando determinar, além das relações dentro dos sistemas, formas eficazes de melhoria, sejam elas via estratégias ou projetos.

A Optimus disponibiliza o conhecimento de seus profissionais adquiridos ao longo de anos de experiências para desenvolver Sistemáticas e Estratégias de Gestão e Execução da Manutenção.

Impressão e acabamento
Gráfica da Editora Ciência Moderna Ltda.
Tel: (21) 2201-6662

Impressão e acabamento
Gráfica da Editora Ciência Moderna Ltda.
Tel: (21) 2201-6662